MAN

練腹肌瘦小腹

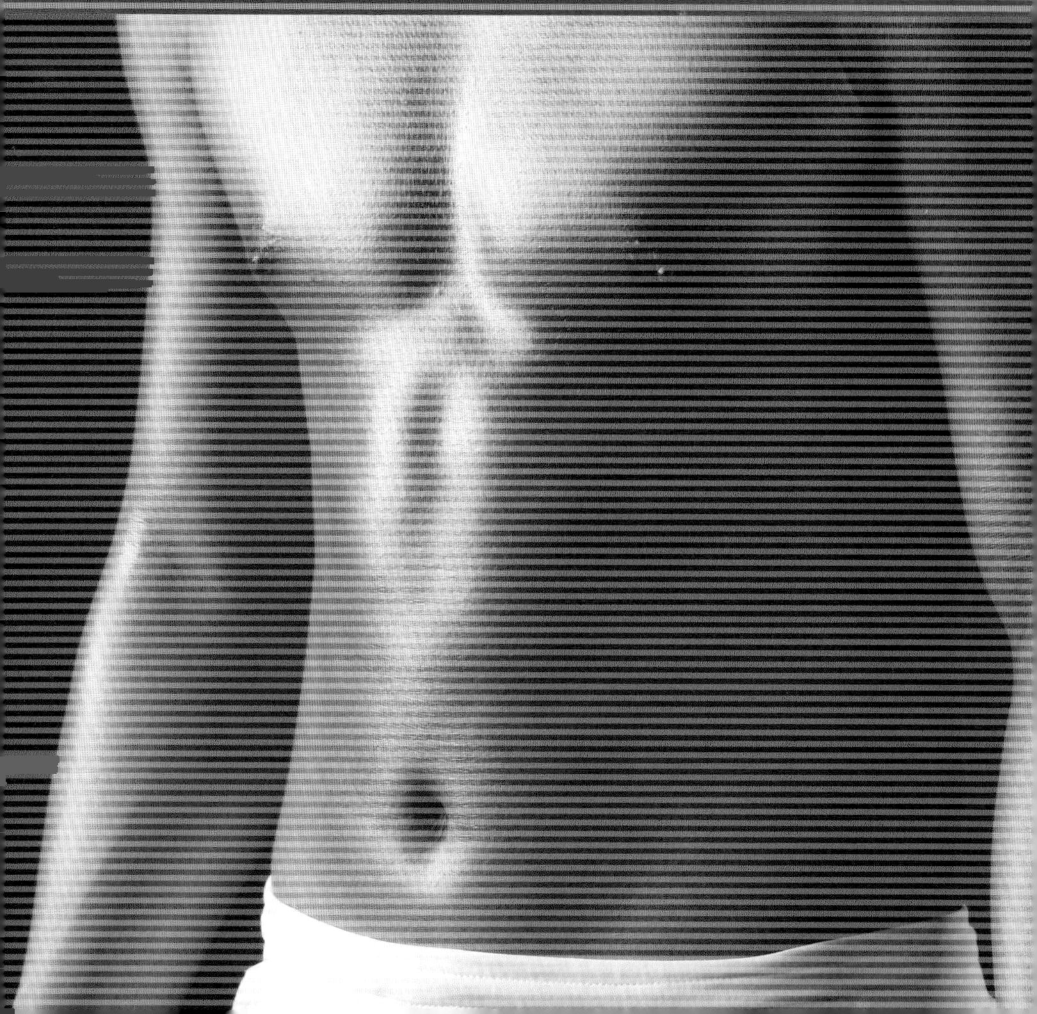

CONTENTS

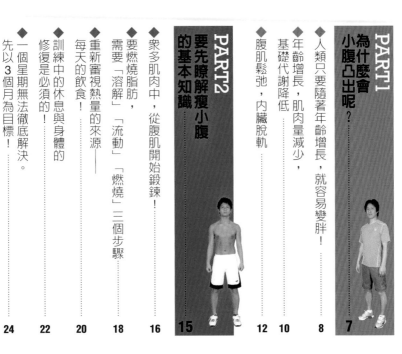

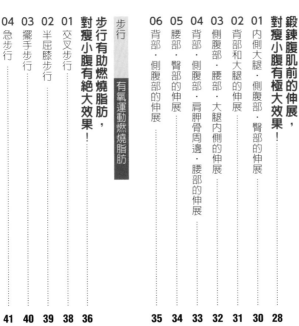

CONTENTS

本書使用方法與注意事項

本書是一本針對瘦小腹的肌肉訓練實用書。不以介紹單一種訓練方式就草草了事，而是依等級、部位的不同將大約6種不同的動作組合成一套訓練計畫。一整套動作大約需時30～40分鐘，請大家務必確實完成。

整組訓練介紹頁

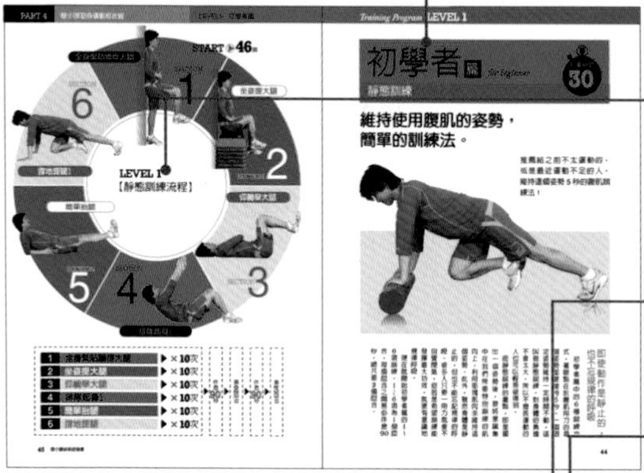

動作介紹頁

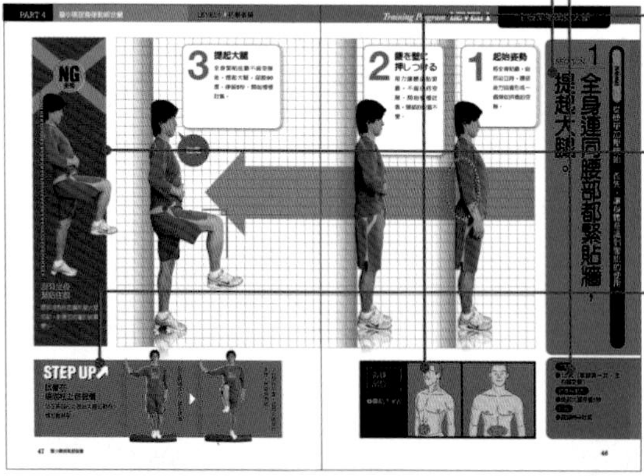

主題

標示等級、所需時間及訓練目的。

動作的順序

簡單明瞭地介紹整組動作的先後順序，請各位要熟記。

重點目的

訓練的目的，以及動作做法的重點。

次數・節奏・呼吸

動作的次數，以及動作時的節奏與呼吸。

鍛鍊部位

標示這組動作要鍛鍊的身體部位。

NG

標示一些容易出現的錯誤姿勢與動作。

STEP UP

這個區塊是進階活用。使用瑜珈球與瑜珈柱來搭配動作，稍微增加一些困難度。動作時可依個人喜好來選擇。

鍛鍊時要注意

①患有疾病者請先請教醫生

受傷或患有疾病者，請勿自行判斷就貿然進行鍛鍊。必須先接受醫生的診斷，請教過後再開始運動。

②過度勉強有可能會受傷或發生意外

請絕對不要進行超過身體所能負荷的鍛鍊。過度鍛鍊容易受傷甚至發生意外。在自我管理下，愉快地運動。

③充分攝取營養與休息

要讓鍛鍊更具效果，充分的營養攝取與休息也是不可或缺的。請參考P20～23，有效地鍛鍊身體。

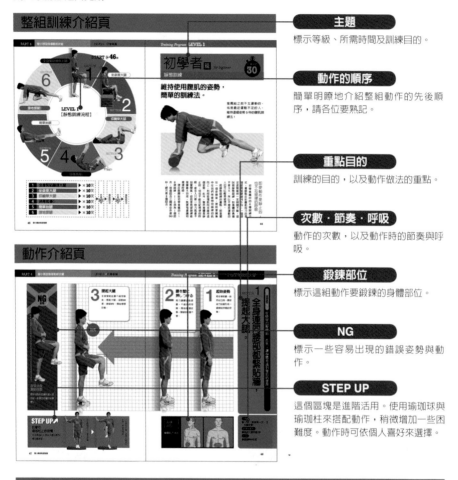

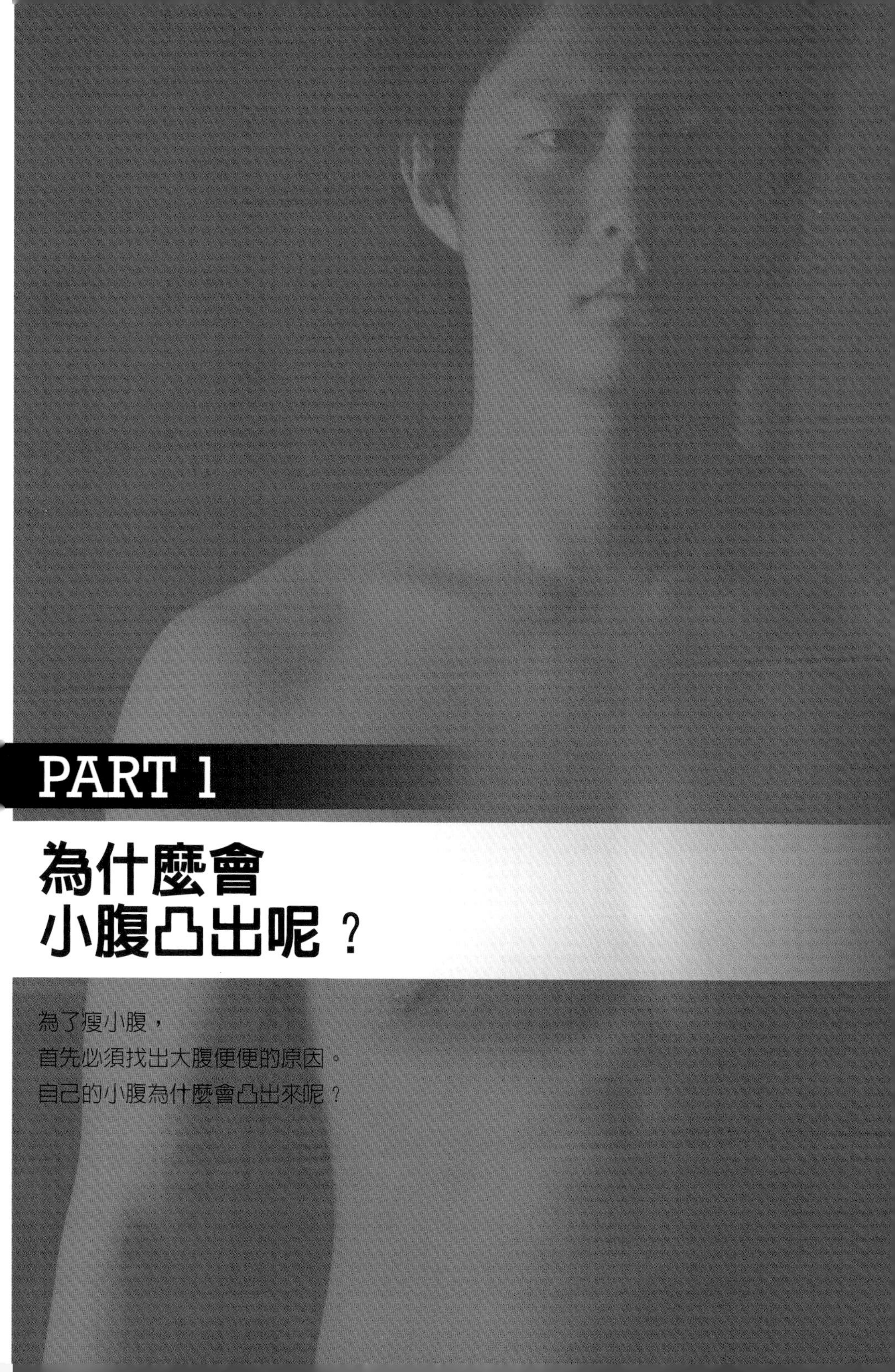

PART 1

為什麼會小腹凸出呢？

為了瘦小腹，
首先必須找出大腹便便的原因。
自己的小腹為什麼會凸出來呢？

年齡與小腹凸出的關係

人類只要隨著年齡增長，就容易變胖！

儘管想要永遠保持年輕，小腹就是不盡如人意地一直凸出來，年輕時合身的褲子也漸漸穿不進去，照鏡子只會讓自己更沮喪。不僅如此，健康檢查報告更是慘不忍睹……。不知不覺間凸出的小腹，讓心情變得愈來愈沉重。

但是，小腹爲什麼會凸出呢？對自己生活方式很謹慎的人，「我每天都有運動」、「食量並沒有增加」，根本就無法接受自己會小腹微凸。雖然這聽起來像是嘴硬強辯，但其實他們的想法並沒有錯。即便運動量、食量和年輕時候一樣，但人類只要上了年紀，就容易小腹微凸。這是因爲人類是隨著年齡增長，就容易發胖的生物。

我們很清楚的一點是，人類的身體隨著年齡增長，基礎代謝量會跟著降低。而所謂基礎代謝，是指在靜態的狀態下，爲了維持生命所需的熱量消耗，也就是用於維持體溫、呼吸、心臟跳動所需的熱量。基礎代謝與年齡成反比。過了2字頭的歲數就會開始降低，邁入40歲後，降低的情況會更明顯。

因爲年紀增加基礎代謝下降，若在沒有減少食量的情況下，基礎代謝量減少的部分就會變成腹部的脂肪。囤積的脂肪在腹中成了包覆內臟的內臟脂肪，或是成了可以從外一把捏起的皮下脂肪，而這就是小圓肚的原因。

人類只要上了年紀就容易發福，所以首先我們要有個觀念，就是如果什麼事都不做的話，小腹凸出就會是理所當然的事。

年齡增加的熱量消耗與熱量攝取的變化圖

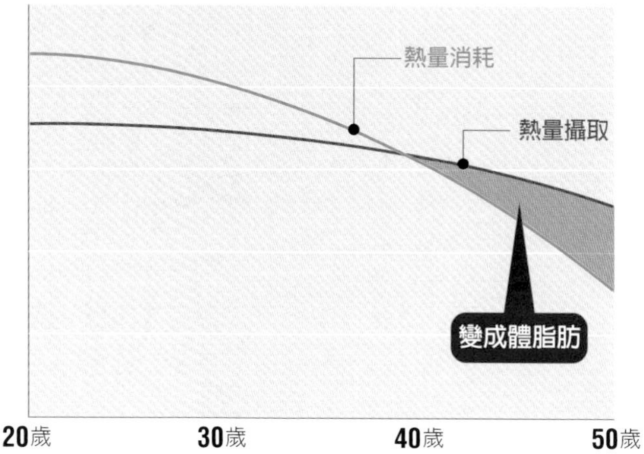

因為年齡增長基礎代謝降低，所以消耗的熱量也跟著減少。過了40歲會特別明顯。若藉由飲食所攝取的熱量沒有降低的話，消耗不掉的熱量就會轉以脂肪的形式囤積在體內。

內臟脂肪與皮下脂肪

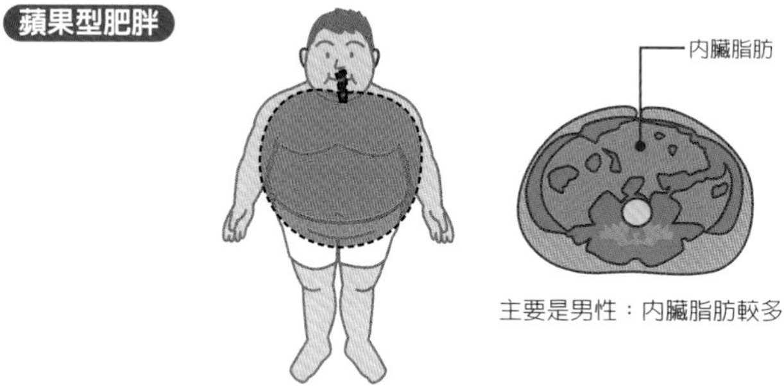

主要是男性：內臟脂肪較多

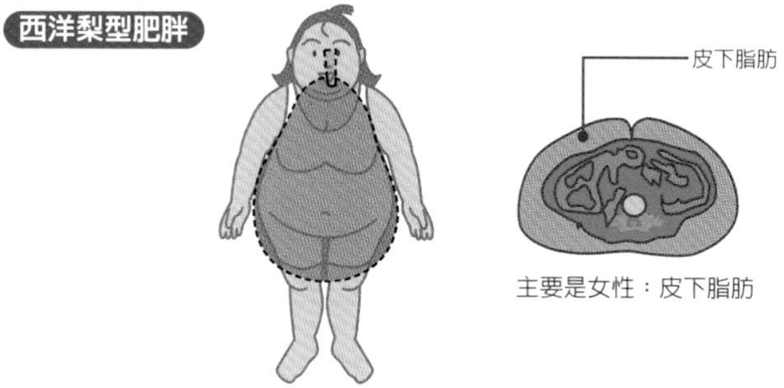

主要是女性：皮下脂肪

脂肪可分為兩種：內臟脂肪與皮下脂肪。內臟脂肪是附著在腹肌內側，包覆在腸子、肝臟等內臟外的脂肪；皮下脂肪則是附在皮下組織的脂肪。內臟脂肪多的人，腹部容易凸出，是蘋果型肥胖；而皮下脂肪多的人，則是下半身發福的西洋梨型肥胖。

年齡增長身體的變化

年齡增長，肌肉量減少，基礎代謝降低

針對隨著年齡增長，基礎代謝量會降低這一點，在這裡將稍加說明。那麼，就請大家仔細瞭解一下基礎代謝爲何會降低。

基礎代謝量之所以減少，是因爲年齡增長，身體的各種機能開始衰弱。舉例來說，心臟1分鐘送出的血液量、肺活量、1分鐘內吸入的氧氣量、從腦部到肌肉的神經傳遞速度等等都隨著年紀增加而減少、變慢，這也因此影響基礎代謝量。

另外，基礎代謝量之所以減少還有一個決定性的因素，那就是肌肉的減少。

隨著年齡增加，肌肉量會跟著減少，雖然體重不變，但肌肉被脂肪取而代之。肌肉減少，運動所消耗的熱量當然也會隨之減少，對基礎代謝量有很大的影響。基礎代謝中，熱量消耗佔了很大的比例，而熱量消耗中，又有六成都是藉由肌肉組織的運動。換言之，基礎代謝中的熱量消耗，有40～45%都是靠肌肉完成的。所以，肌肉減少，基礎代謝當然也會大幅降低。

例如，肌肉減少1kg的話，熱量消耗加身體活動的代謝，1天就會減少大概100kcal。而100kcal雖然還不到1個飯

所謂基礎代謝

- 維持體溫
- 呼吸功能
- 循環功能
- 中樞神經功能
- 肌肉緊張度

等等維持生命所必須的最小熱量代謝。

成人1天的代謝量大約1200～1800Kcal。

糰的熱量，但是每天持續累積的話，1年下來，脂肪就會多增加5公斤。所以

我們可以說，肌肉減少和小腹凸出是有直接關連的。

1天的熱量消耗

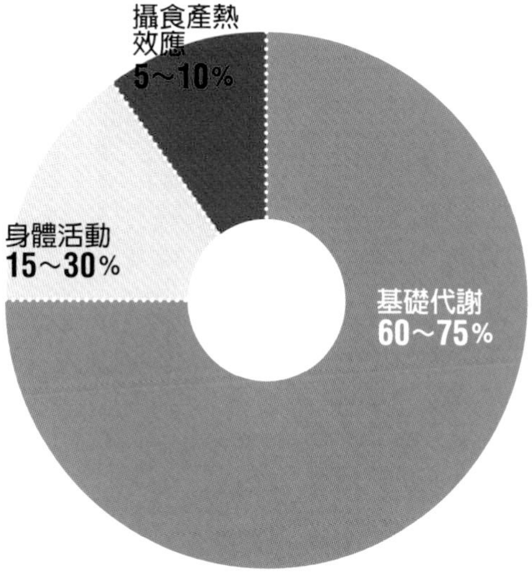

1天的熱量消耗中，佔最大比例的是基礎代謝，約有60～75%。是運動消耗熱量的好幾倍，所以基礎代謝量一減少，小腹就容易凸出。

基礎代謝的內容

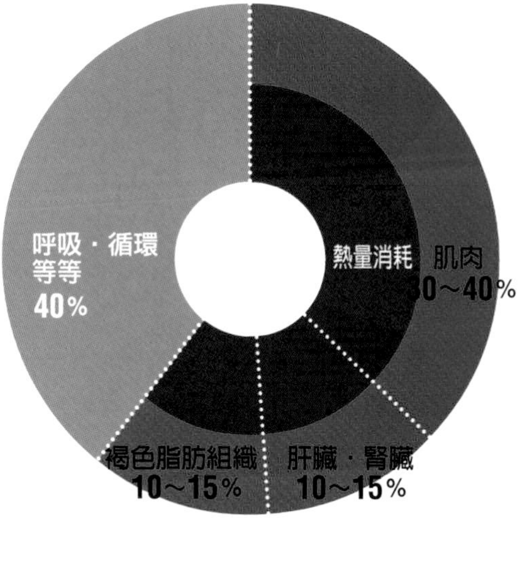

基礎代謝之中，為了維持體溫約消耗了60%的熱量。而這些熱量之中有6成是藉由肌肉的運作轉換來的。換言之，基礎代謝的30～40%都是仰賴肌肉。所以肌肉量減少，基礎代謝量就會減少。

肌肉衰退與姿勢不正確

腹肌鬆弛，內臟脫軌

小腹凸出的原因，並不僅限於脂肪的囤積。即便脂肪不多，隨著年紀增加，腹肌會衰退，小腹就容易凸出。

人類的上半身，有兩個縱向的袋子。上面的袋子，是由肋骨及橫膈膜所組成的胸廓，內裝有肺臟、心臟。下面的袋子，則是裝有肝腸等內臟的腹腔（請參考左頁的構造圖）。腹腔是一個封閉的狀態，在橫膈膜以下，由腹部肌群、背部肌群、骨盆四周的肌肉所圍繞而成的。上面的胸廓，由肋骨與脊柱牢牢固定住，但是下面的腹腔，雖然也有脊柱，但主要僅藉由腹肌等肌肉來支撐內臟。一旦腹肌衰弱鬆弛，裝有沉重內臟的腹腔就會像吹氣球一樣膨脹。而這個氣球，因爲背後有脊柱，無法向後膨脹，於是只能推擠鬆弛的腹肌，形成凸出的小腹。

年紀增長，肌肉功能衰退，腹肌也不例外。包含腹肌在內，軀幹的肌肉及下半身的肌肉等，特別是日常生活中用於維持姿勢、站立、走路等動作的大肌肉更是容易衰退。因爲這個緣故，隨著年齡增長，腹肌變得鬆弛，內臟就會脫軌，連帶小腹就會凸出。

此外，腹肌、背肌一旦衰退，骨盆也容易跟著歪斜。因爲維持骨盆角度的正是腹肌與背肌。腹肌、背肌衰退，沒有盡到應盡責任，骨盆就會歪斜，也就容易出現駝背、蹺屁股的姿勢，而這些姿勢也是小腹凸出的原因之一。

腹肌鬆弛，內臟脫軌

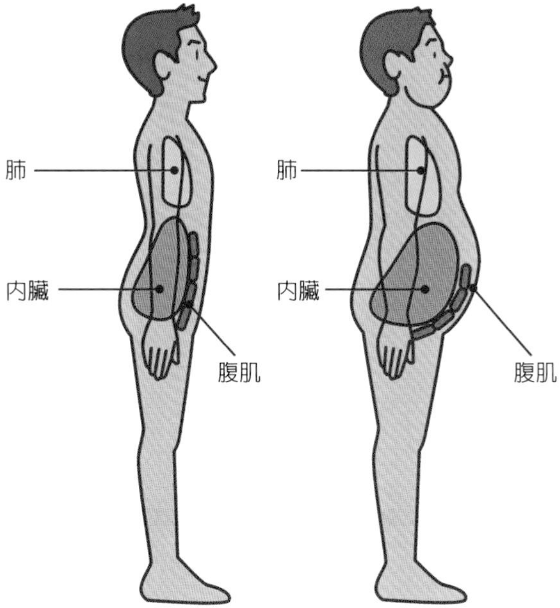

肝腸等內臟的位置是在腹腔裡，是藉由腹肌的支撐固定在腹腔中。腹肌一旦鬆弛，撐不住內臟的重量，就會變成凸出的小腹。

腹肌不盡責，骨盆歪斜

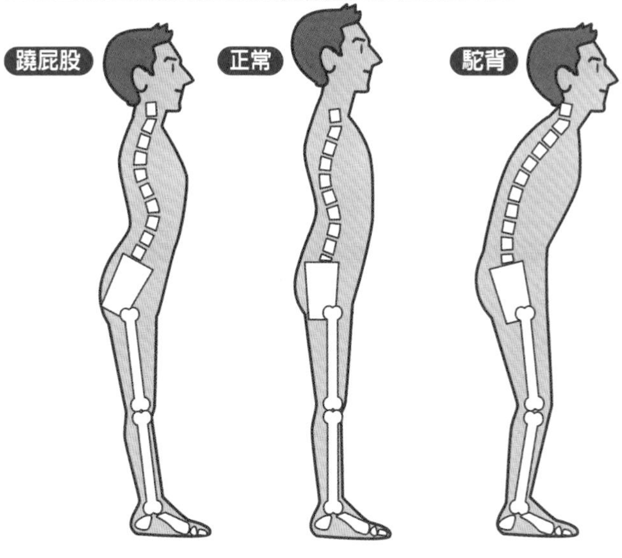

駝背和蹺屁股是因為骨盆前後傾斜所造成的。骨盆向後傾就會變成駝背的姿勢，腹部就容易鬆弛。反之，骨盆向前傾就會變成蹺屁股的姿勢，下腹部就會凸出。這兩種姿勢都是因為腹肌偷懶所造成的。

COLUMN 1

身體有可能「局部瘦」嗎？

常有人這麼問「體重不變沒關係，可以只瘦小腹嗎？」。想只瘦小腹、想要腳細一點、想只瘦臉，想跟蝴蝶袖說拜拜等等，這些都是所謂的「局部瘦」。而局部瘦到底有沒有可能？

答案可以說有，也可以說沒有。以生理學的定論來說，只減少某一特定部位的脂肪是不可能的。

然而，若是腹肌的話，要局部瘦絕對有可能。腹部裡有皮下脂肪和內臟脂肪，但以熱量消耗來說，內臟脂肪較皮下脂肪容易被消耗。所以，進行鍛鍊提升熱量代謝的話，首先被消耗的就會是內臟脂肪。

另外，藉由鍛鍊腹肌可以在無意識中牢牢支撐住內臟。即便只是這樣，就可以讓凸出的小腹縮回去。嚴格來說，縱使無法只瘦小腹，但在瘦全身的時候，小腹的部位可以達到加倍的效果。常動的部位就不容易囤積脂肪，因此，局部瘦還是有可能的。

以結論來說，本書是以減少全身脂肪的根本解決之道為目標，而著重的訓練也是以減少腹部周圍的脂肪為優先。

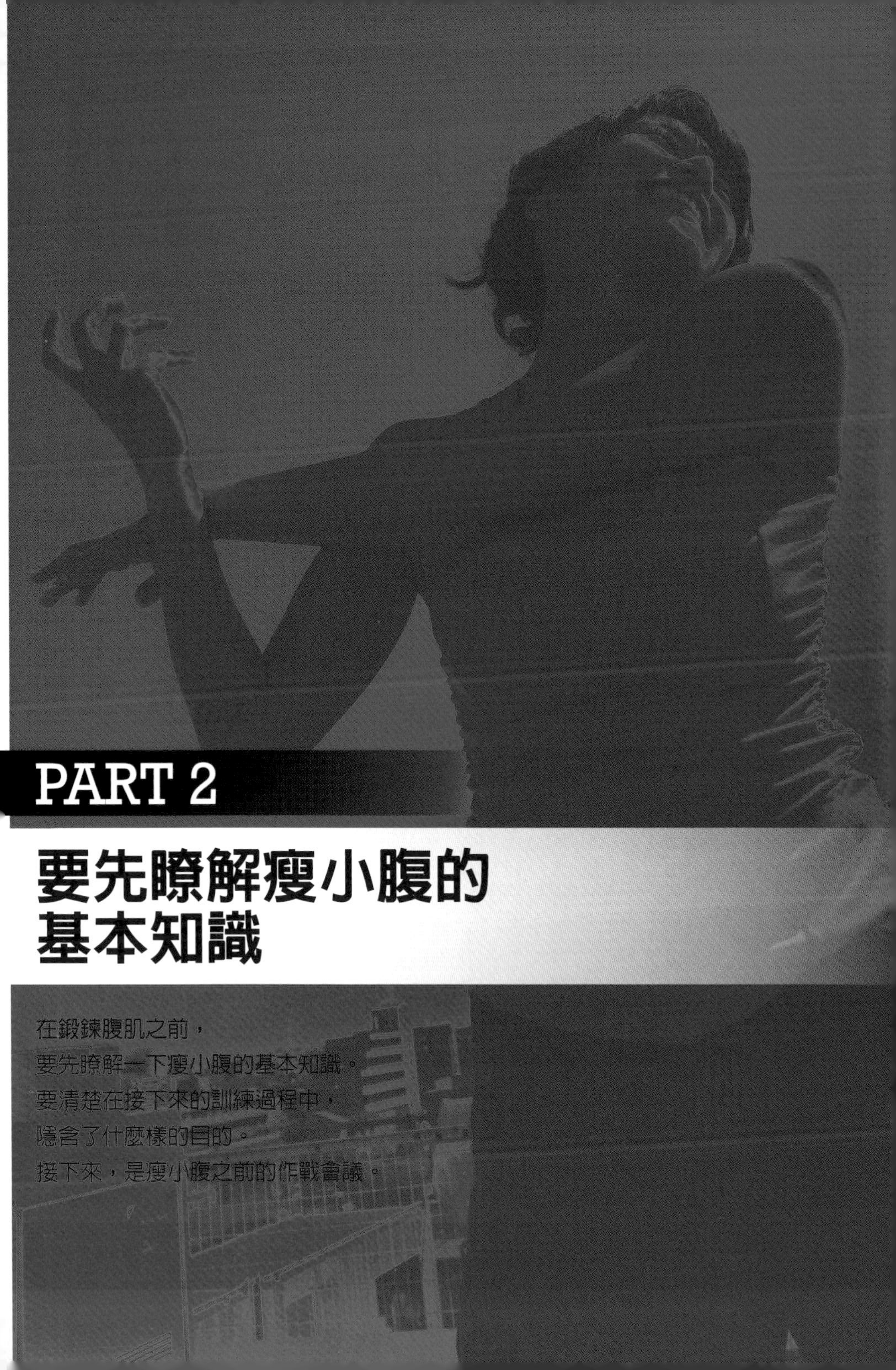

PART 2

要先瞭解瘦小腹的基本知識

在鍛鍊腹肌之前，
要先瞭解一下瘦小腹的基本知識。
要清楚在接下來的訓練過程中，
隱含了什麼樣的目的。
接下來，是瘦小腹之前的作戰會議。

認識腹肌

從腹肌開始鍛鍊！眾多肌肉中，

在PART1中已經介紹過，小腹凸出的原因是年齡增長基礎代謝降低，以及腹肌等肌肉衰退，而使得內臟重壓腹肌而使腹部凸出。現在，就針對這兩個原因，來探索與小圓肚說掰掰的方法。

要和微凸的小腹說再見，第一個解決辦法就是鍛鍊腹肌。藉由鍛鍊腹肌來增加肌肉量，提升基礎代謝。相較於運動所消耗的熱量，基礎代謝消耗掉的熱量更可觀。提高基礎代謝，才是減少脂肪與消除小腹的最佳管道。另外，鍛鍊腹肌還可以緊實鬆弛的腹肌，將內臟推回原位。

爲了鍛鍊腹肌，本書提供各種多樣化的鍛鍊方法。而說到鍛鍊腹肌，多數人腦中浮現的大概都是類似仰臥起坐這種單調的動作吧。本書要介紹的並非只是那樣的單一動作，而是非常豐富的整組動作，像是保持身體平衡下重量訓練腹肌、同時間轉體加拉提，藉由兩個動作一起進行，可以同時鍛鍊多塊腹肌。這是爲了鍛鍊腹部周圍的每一塊肌肉，也是爲了長時間鍛鍊時不會因動作的單調枯燥而生膩。

如左頁上圖所示，雖然簡單說來統稱爲腹肌，但其實是由不同的肌肉所組成。腹部正中央是腹直肌、側邊是腹內・外斜肌、深處是腹橫肌（請詳見P172）。同樣地，背部也有很多肌肉。依照本書的鍛鍊組合餐去做，就可以均勻鍛鍊這些肌肉群，消除惱人的小腹。

腹肌分解圖

一聽到腹肌這個詞，最先想到的就是正中央的腹直肌。這是一塊讓身體可以前屈的肌肉。這塊肌肉發達的話，就可以縱橫分割成好幾塊。腹直肌側邊的是腹內斜肌和腹外斜肌，這是使身體可以扭轉的肌肉。深層還藏有腹橫肌。腹橫肌是拉緊腹腔，不讓內臟下墜的肌肉。

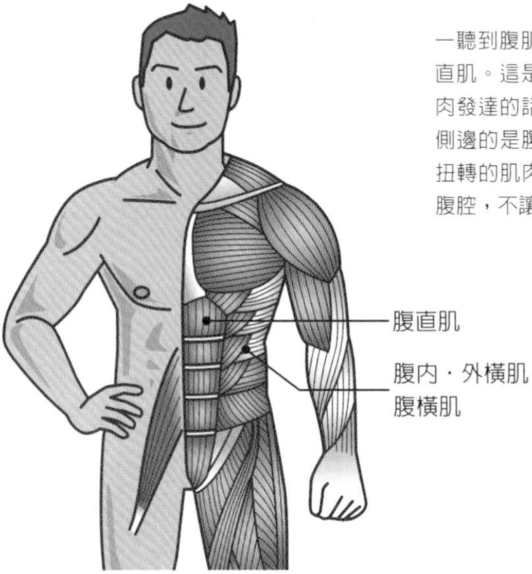

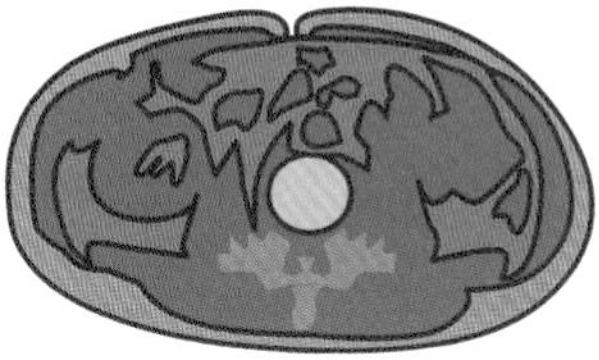

以內臟脂肪少的男性身體為例

搭配呼吸法有效鍛鍊腹肌

既然要鍛鍊肌肉，希望至少也能夠看到效果，所以最不可或缺的就是呼吸法。收縮腹肌時，用力「呼——」地吐氣。如此一來，就可以特別鍛鍊腹橫肌。本書中，各個動作都寫有必須配合的呼吸法，請大家務必確實做到。

脂肪燃燒的結構

要燃燒脂肪，需要「溶解」「流動」「燃燒」三個步驟

想要消除小腹，就必須減少腹部的脂肪。而所謂減少脂肪，就是燃燒脂肪的意思。爲了有效燃燒脂肪產生熱量，就必須先弄清楚脂肪燃燒的原理。

人運動，肌肉就會活動，肌肉的溫度就會上升，血液循環也會跟著活絡，於是，腦子就會進入運動模式。腦一旦進入運動模式，腦就會對身體下達各種指令。例如，分泌可以溶解脂肪的所謂腎上腺素或正腎上腺素的賀爾蒙。分泌這種賀爾蒙，就可以活化會分解脂肪的脂肪分解酵素。脂肪分解酵素可以將脂肪分解成甘油與游離脂肪酸，使其溶入血液中。溶解的脂肪會透過血液流至全身。當肌肉活動需要熱量時，就會從血液中擷取，然後與氧氣一起燃燒。

像這樣，爲了要燃燒脂肪，是需要「溶解」、「流

有氧運動與無氧運動

運動分有氧運動與無氧運動。有氧運動指的是需大量消耗氧氣的運動；無氧運動則是衝刺、肌肉訓練等短時間內需要使出大量力氣的運動。

動」、「燃燒」這三步驟。

本書所介紹的鍛鍊組合餐，對脂肪的「溶解」這一過程有相當大的幫助。只要脂肪能成功溶解，容易燃燒的狀態就能維持好幾個小時。在熟悉鍛鍊後，進行步行等有氧運動也能達到不錯的效果，即使不必去做什麼特別的運動，在日常生活中也能燃燒脂肪。這就是本書鍛鍊的最主要目的。

脂肪燃燒的步驟

運動

↓

肌肉活動，肌肉溫度升高

↓

循環活絡

↓

腦進入運動模式

↓

分泌腎上腺素及正腎上腺素等可以溶解脂肪的賀爾蒙

↓

分解脂肪的酵素「脂肪分解酵素」的活化

↓

脂肪分離為甘油及游離脂肪酸，溶入血液中

↓

溶入血液中的脂肪流至肌肉

↓

肌肉從血液中攝取氧氣與脂肪來燃燒

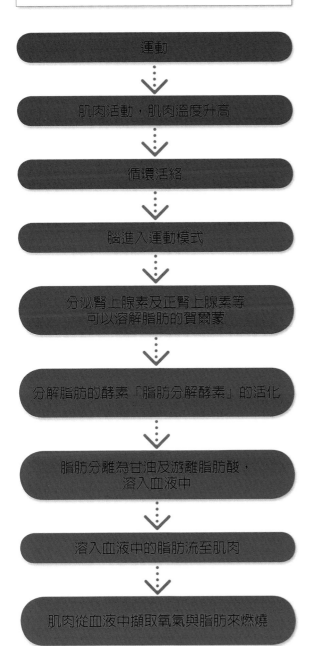

飲食管理

重新審視熱量的來源——每天的飲食！

理想的均衡飲食

飯類等主食、肉類魚類等主菜、蔬菜等配菜、能補給維生素、礦物質、水分的湯品、以及水果，樣樣俱全才是最理想的飲食。

熱量來源“醣類”

飯類或麵包等主食富含醣類，在體內分解成為能量或熱能。

人體生長的材料“蛋白質”

肉類和魚類飽含蛋白質，是肌肉、皮膚等人體生長用的材料。

高熱量來源“脂質”

脂質以脂肪的型態儲存在人體內，是熱量的來源。特徵是即使少量也可以提供很多熱量。

幫助代謝“維生素”

蔬菜及水果富含維生素，可以讓身體機能正常運作，有助於代謝。

調節神經、肌肉機能“礦物質”

礦物質可以調整身體機能，調整神經、肌肉的收縮。

爲了讓圓滾滾的小腹縮進去，每天的飲食也是很重要。要注意每天都必須攝取含有5大營養素：醣類、蛋白質、脂質、維生素、礦物質的均衡飲食。因此，最理想的飲食，就是每一餐都有主食、主菜、配菜、湯品和水果。

減少食量就會減少體重，脂肪也會相對減少，我們並不推崇這種觀念。這樣的做法，脂肪或許會減少，但肌肉同時也會減少。肌肉一旦減少，基礎代謝也會隨之降低。即使體重暫時減輕，卻會變成容易發胖的體質。

就讓我們一起以每天3餐，攝取均衡飲食，不過量爲目標。

比起1天2餐，1天3餐最好！

如果每天攝取的食量是相同的，建議分3餐吃會比分2餐吃來得好。吃東西可以攝取能量，但同時也可以消耗熱量。食物進入體內，會被消化吸收，人體的體溫就會上升，這就是所謂的產熱效應。因為這是消耗熱量的好方法之一，所以次數多一點比較好。另外，勤勞補充蛋白質，也具有防止肌肉減少的效果。

注意喝酒時的下酒菜！

聽到啤酒肚，大家都會認為是喝酒喝太多所造成的小腹微凸。但其實酒本身也有熱量，所以絕對禁止喝過量，另外，實際上比起酒，下酒菜帶來的影響更大。下酒菜多為油脂較多的料理，往往喝醉了就會不小心吃太多。所以喝酒時，要特別留意下酒菜的食用量，千萬別在最後又再來一碗拉麵。

使脂肪難以囤積的飲食方法

❶ 捨單醣取多醣食物
同樣要攝取醣類的話，比起砂糖、果糖等單醣，不如攝取如飯類、麵包等多醣食物。

❷ 少吃味道濃郁的食物
味道濃郁的食物，容易在不知不覺中攝取過量。

❸ 控制好醣類和脂肪的同時攝取量
如果同時大量攝取容易轉換為熱量的醣類和難以迅速被消耗的脂質，未被消耗掉的脂質就容易囤積在體內。

❹ 切莫一口氣吃太多，切莫吃太快
一口氣吃太多，或者吃得太快，很容易就會不小心吃過量。唾液來不及分泌，就會妨礙消化和吸收。

運動前後務必攝取足夠的氨基酸

蛋白質是氨基酸的複合物，反過來說，分解蛋白質的話，就可以得到氨基酸。氨基酸裡有稱為BCAA的擷安酸、亮氨酸、異亮氨酸，這些無法在體內合成，只能從食物中攝取，佔了9種必需氨基酸的40%，是非常重要的。為了使肌肉有效消耗熱量，運動前後務必攝取足夠的量。

肌肉訓練的效果取決於休息

訓練中的休息與身體的修復是必須的！

爲了消除小圓肚，或許有人衝勁滿滿，每天都非常拼命鍛鍊。也或許有人縱使犧牲睡眠，也要拼命鍛鍊，但是休息和鍛鍊同樣都很重要。

鍛鍊身體，肌肉就會有些許的損傷，然而這些損傷在睡眠中會自動修復，這就叫做「超恢復」。藉由超恢復，讓肌肉恢復得較鍛鍊前更壯大。若不好好休息，無法得到充足的超恢復，鍛鍊的效果自然無法發揮到極限。

另外，若沒有充足的休息，身體就會疲勞，代謝能力就會下降。爲了提高代謝而鍛鍊身體，若因爲不休息而導致代謝下降，那就本末倒置了。並非每天都得鍛鍊身體，而是要隔一天或隔二天，讓身體得到足夠的休息。

要讓鍛鍊效果發揮到極致，充足的休息是不可或缺的。鍛鍊中的小憩也是有意義的。

若今天感到疲累的話，就不要硬撐還去做鍛鍊。此外，也有另外一種休息方式，就是今天若鍛鍊這個部位的話，明天就改換另一個部位。總之，要跟身體對話，讓身體得到足夠的休息。

不僅是一整天的徹底休息，在鍛鍊之中90秒左右的小憩也是有意義的。在這段小憩期間，可以讓因爲運動而過快的心跳慢下來，也可以喝口水，補充水分。所以，請將小憩的時間也當作鍛鍊身體的一部分。

睡眠中分泌成長賀爾蒙

運動會促進分泌分解脂肪的賀爾蒙，而且也會促進分泌成長賀爾蒙。成長賀爾蒙有溶解脂肪的功用，另外還有促進肌肉、骨頭成長與美化皮膚的作用。所以，對消除小腹來說，這是非常有效的賀爾蒙。運動中並不會分泌成長賀爾蒙，只有睡眠中才會，所以，一定要有充足的睡眠。

不要累積壓力，要愉快鍛鍊身體

工作上無可避免的壓力，其實和身體疲勞是沒有關連，但是，一旦有壓力，代謝會降低，這也是事實。口說不要累積壓力，其實很難做到的，但是，多做一些自己喜歡的事來消除壓力，這也是消除小腹所必要的休養之一。

持續也是一種鍛鍊方法

一個星期無法徹底解決。先以3個月為目標！

坊間常有人推銷「一星期瘦小腹！」等極具吸引力的鍛鍊方法或是減肥方法。或許確實可以稍微小瘦，但那並不是可以根本有效解決小腹微凸的辦法。不僅如此，反而有變成易胖體質之虞。

若仔細推敲爲何會小腹凸出，我們可以得知：雖著年紀增長，肌肉的變化和基礎代謝量降低，每天每天囤積一些脂肪，最後造成小腹凸出。爲了有效解決這個問題，除了藉由鍛鍊來消耗熱量，還要增加肌肉量、提高基礎代謝，這才是確實塑造完美體態的不二法門。

藉由急速減少食量來減重，很有可能會使重要的肌肉也隨之減少。肌肉一旦減少，當停止減量法之後，體重和身形很有可能又會恢復原狀。然而當體重恢復原狀時，因爲肌肉已經減少，增加的反而是脂肪，這樣減重就沒有意義了。

一般來說，身體的所有細胞再生需要「3個月」。所以，就先以3個月爲目標，持續鍛鍊身體，讓身體的肌肉確實增加，足以輕鬆面對各種方式的鍛鍊。

讓基礎代謝量較以前增加，體重慢慢減少。如此以來，就會有愈來愈想繼續下去的動力。好好體會「持續也是一種鍛鍊方法」這句話，勉勵自己持續鍛鍊下去。

讓身體所有細胞再生
以『3個月』為目標！

並非以1星期或2星期的短時間為目標，先以3個月為一個期間，不要勉強，按照自己的步調慢慢來，秘訣就是要長時間持續，這樣才會更具效果。

COLUMN 2

依職業的不同，在訓練方式下功夫！

本書準備了各種組合式的訓練方式。初學者篇，讓一些至今不太運動的人也可以輕易上手，慢慢提升等級，進入中級篇、高級篇。另外，也準備了一些針對下腹、側腹加強局部訓練，以及想要鍛鍊成倒三角形身軀的特別訓練動作。可以依照自己身體所需要的來選擇。

此外，雖然本書準備了如此詳密的訓練方法，但還是需要本人的認知。也就是要先瞭解自己的職業。因為大多數人都是工作結束後才開始運動，但是，一整天下來做了哪些工作，對身體的狀況可是有很大的影響。

換言之，一直坐在辦公桌前打電腦的上班族和一整天不停奔走的營業員，或是使用勞力工作的勞動階級，工作完後的身體狀況都是不一樣的。既然要對身體進行鍛鍊，就要選擇最適合自己身體狀況的運動方式。

因此，從下一個專欄開始，將具體為各位準備不同職業別其最適合的訓練方式。

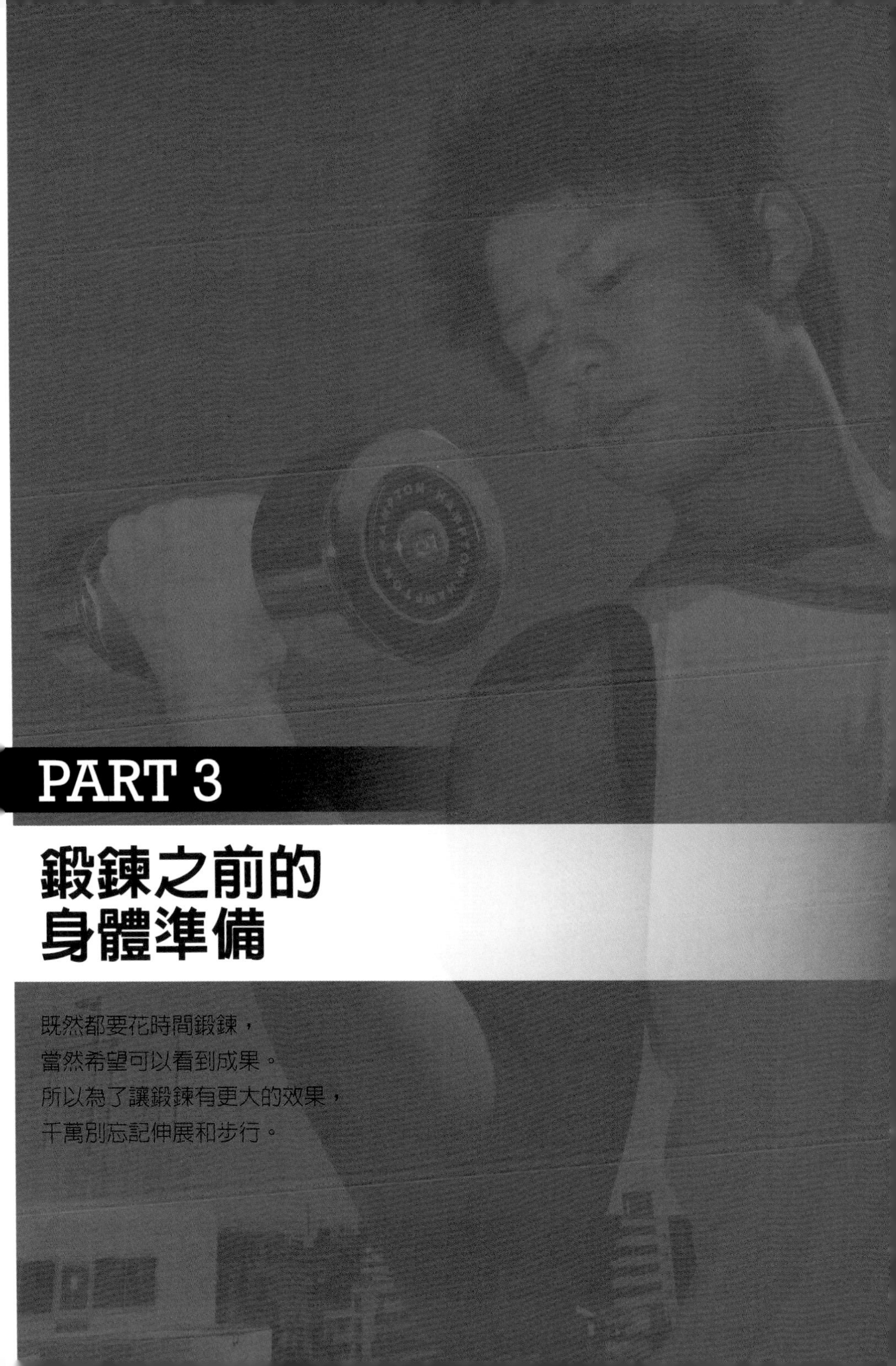

PART 3

鍛鍊之前的身體準備

既然都要花時間鍛鍊，
當然希望可以看到成果。
所以為了讓鍛鍊有更大的效果，
千萬別忘記伸展和步行。

鍛鍊腹肌前的伸展，對瘦小腹有極大效果！

伸展動作並非只是單純的暖身運動。
要讓鍛鍊有最大値的效果，
伸展絕對是不可或缺的要素之一。

伸展的4個功效

1 可以有效促進代謝！

伸展運動可以促使血液循環變好，藉由血液運輸的熱量也更能有效被利用，所以也就可以加快代謝速度，預期身體狀況也會比較好。

2 關節可動範圍的擴展！

平常運動不足造成肌肉僵硬，藉由伸展也可以使身體柔軟，更容易延展。而關節的可動範圍也會隨之擴展，身體的動作也會變得更加流暢。

3 可預防受傷！

關節可動範圍擴展，身體的動作會更流暢。而且肌肉變得柔軟，就可以輕鬆面對各種不同的動作，也就可以預防一個稍具勉強的動作所帶來的傷害。

4 將肌肉鍛鍊效果發揮到極限！

在鍛鍊肌肉之前，如果能先做伸展運動的話，就可以先刺激鍛鍊中所要使用的肌肉。事前讓肌肉活動的話，可以使神經系統活絡，讓運動達到最大效果。

伸展動作所帶來的絕大效果

所謂伸展，就是一邊慢慢深呼吸，一邊將肌肉伸展開來的運動。

伸展運動有各式各樣的種類，今天，我們特別嚴選一些，在肌肉鍛鍊中經常會使用到的伸展動作。

伸展動作會帶來絕大的效果。可以使鍛鍊中所使用的肌肉事前活化，有效促進代謝。

伸展過的部位血流速度會加快，血液中運輸的熱量也較容易被使用。

另外，伸展可以使關節的可動範圍更擴展，光這樣就可以提高運動效果。當然，也可以預防受傷。

伸展可以提升鍛鍊效果，所以鍛鍊之前務必先好好伸展一下。

STRETCH

伸展 01 内側大腿・側腹部・臀部的伸展

腳尖向外，身體側倒

身體側倒一邊

雙腳張開與肩同寬，單腳的腳尖朝向側邊。和腳尖同側的手繞過前腹放在另一邊側腹上，另外一隻手則向上延伸，靠在耳邊。慢慢呼吸往剛才腳尖的方向側倒。

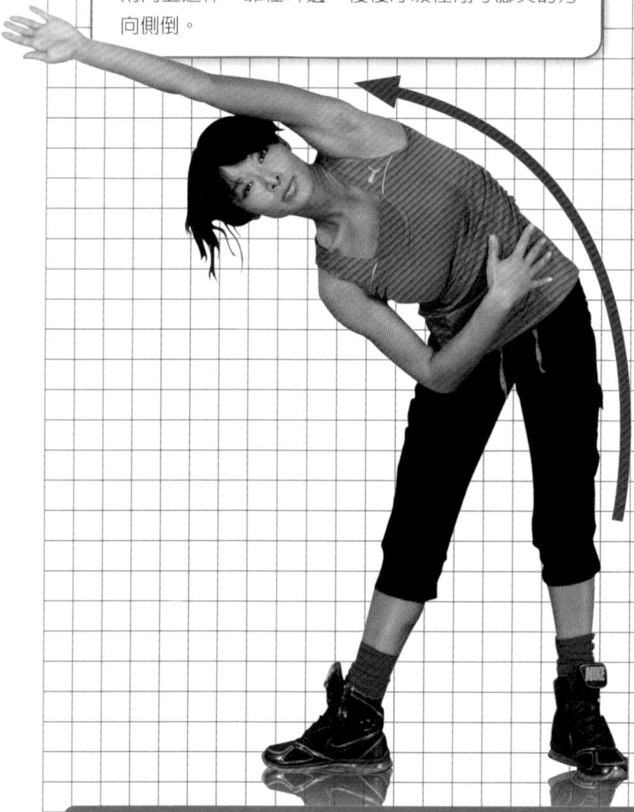

POINT

腳尖要朝側邊

這個伸展動作，腳尖朝向側邊是重點。如此一來，不僅側腹，大腿內側也可以確實有所延展。

秒數 ●單邊40秒　呼吸 ●鼻子吸氣　●嘴巴吐氣

STRETCH

伸展 02 背部和大腿的伸展

改變腳尖方向向後延展背部

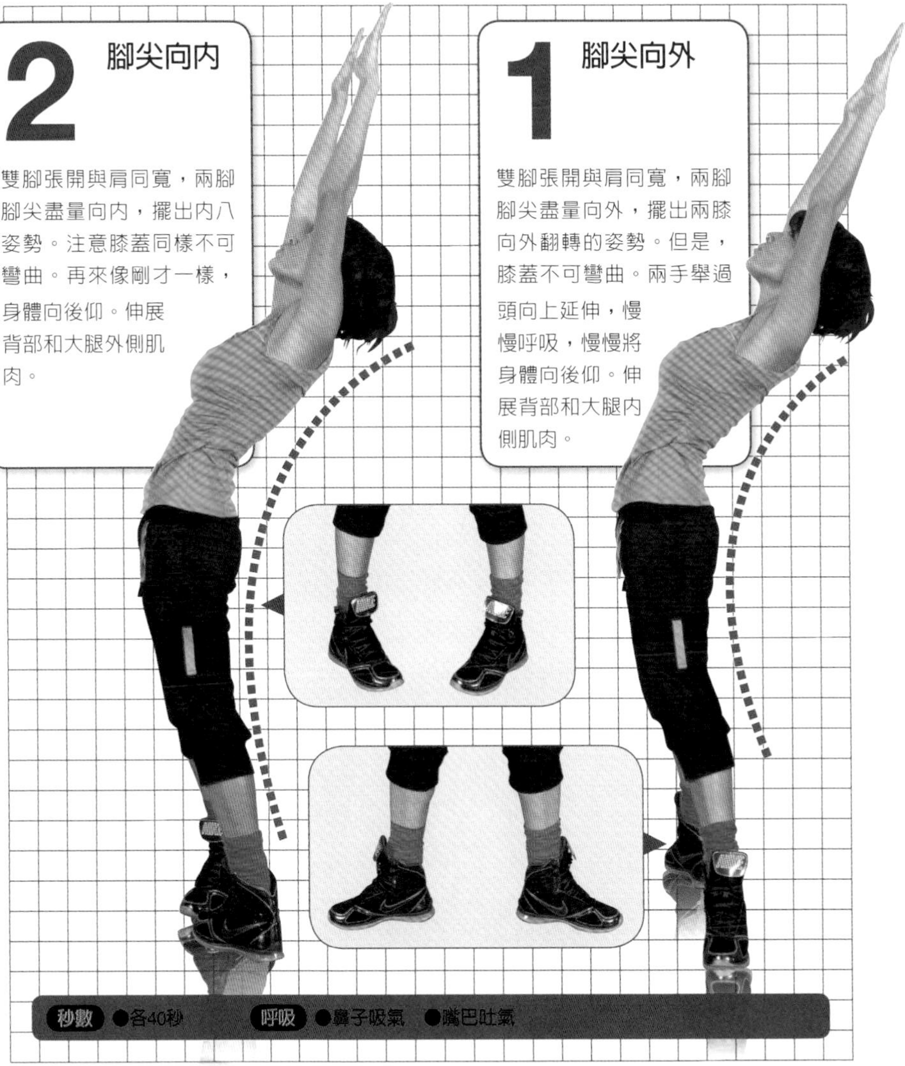

1 腳尖向外

雙腳張開與肩同寬，兩腳腳尖盡量向外，擺出兩膝向外翻轉的姿勢。但是，膝蓋不可彎曲。兩手舉過頭向上延伸，慢慢呼吸，慢慢將身體向後仰。伸展背部和大腿內側肌肉。

2 腳尖向內

雙腳張開與肩同寬，兩腳腳尖盡量向內，擺出內八姿勢。注意膝蓋同樣不可彎曲。再來像剛才一樣，身體向後仰。伸展背部和大腿外側肌肉。

秒數 ●各40秒　呼吸 ●鼻子吸氣 ●嘴巴吐氣

STRETCH

伸展 03 側腹部・腰部・大腿內側的伸展

僅上半身向側邊轉，從腰部下壓行禮

1 雙腳張開站

雙腳張開比肩膀稍寬。

2 轉向側邊

雙膝的方向不變，僅腰部以上轉向側邊。

3 從腰部下壓

慢慢呼吸，拉長背部肌肉後，彎曲髖關節將身體向側邊倒，雙手肩膀放輕鬆。重點是下顎要抬起。若視線下垂的話，背部容易彎曲駝背，這樣就無法充分伸展大腿內側。

秒數 ●單邊40秒　呼吸 ●鼻子吸氣　●嘴巴吐氣

STRETCH

伸展 04 背部・側腹部・肩胛骨周邊・腰部的伸展

仰躺，扭轉上半身

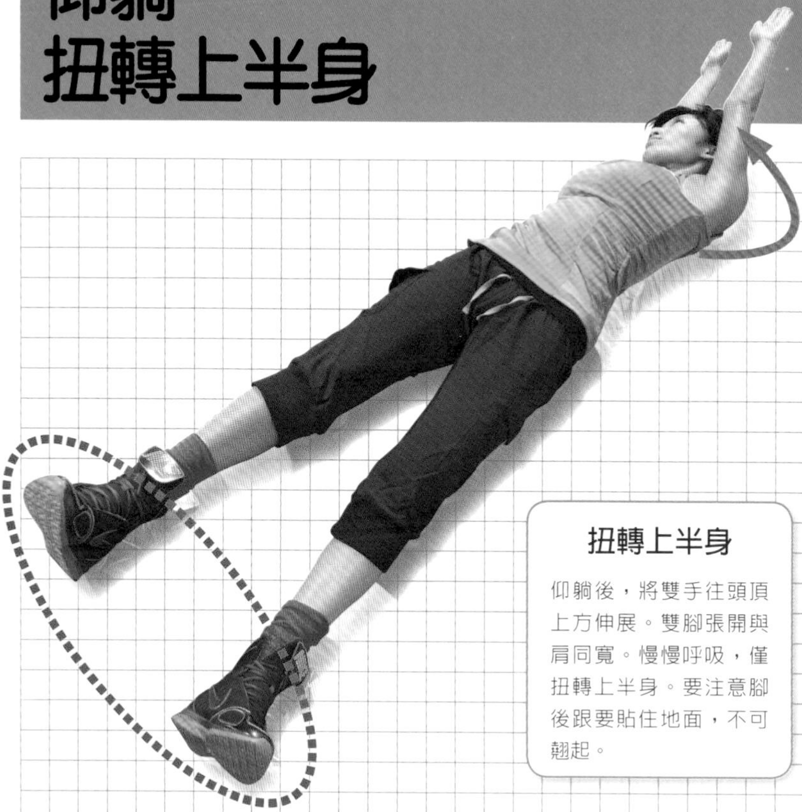

扭轉上半身

仰躺後，將雙手往頭頂上方伸展。雙腳張開與肩同寬。慢慢呼吸，僅扭轉上半身。要注意腳後跟要貼住地面，不可翹起。

秒數 ●單邊40秒 呼吸 ●鼻子吸氣 ●嘴巴吐氣

NG 姿勢 腰部不可彎曲

軸心若歪斜，身體就會呈現「く」字形，伸展的效果就會大打折扣。從指尖到腳後跟要猶如一條直線，以此線為軸心扭轉上半身。

GOOD 姿勢 以脊柱為軸

以反方向來看這個姿勢。當上半身扭轉時，就像是以脊柱為軸心做翻轉，縱使身體扭轉，指尖到腳後跟仍是呈一直線。

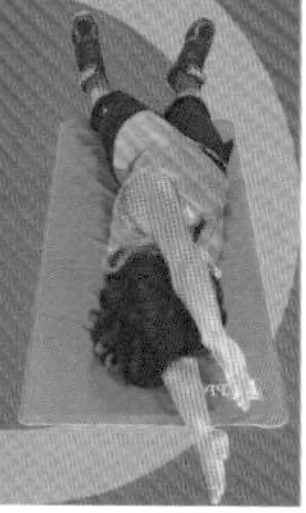

STRETCH

伸展 05 腰部．臀部的伸展

仰躺，單腳屈膝扭轉

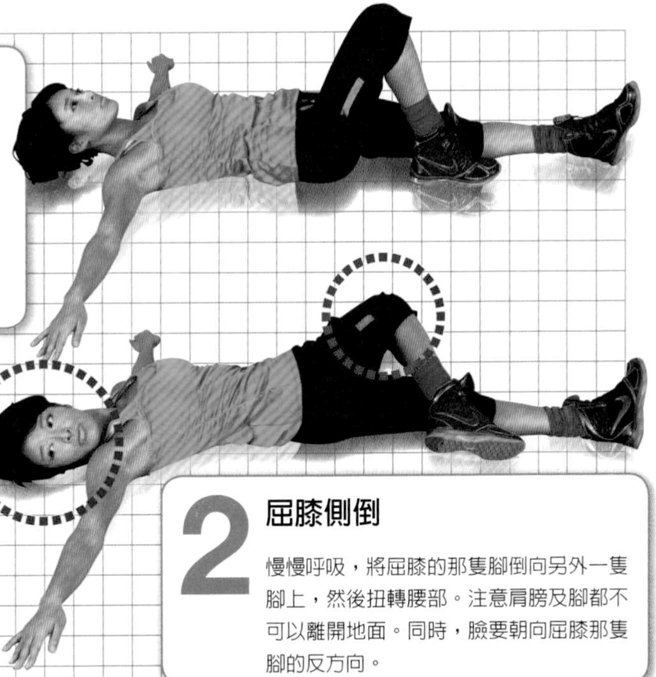

1 仰躺後單腳屈膝

先仰躺，單腳屈膝，兩手攤開平放兩側。

2 屈膝側倒

慢慢呼吸，將屈膝的那隻腳倒向另外一隻腳上，然後扭轉腰部。注意肩膀及腳都不可以離開地面。同時，臉要朝向屈膝那隻腳的反方向。

秒數 ●單邊40秒　呼吸 ●鼻子吸氣　●嘴巴吐氣

NG 姿勢

腳不可以離開地面

立屈膝的那隻腳若離開地面的話，伸展效果會減半。重點就在於，腳、雙手、雙肩都不可以離開地面，在不離地的狀況下扭轉身體。

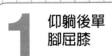

STRETCH

伸展 06 背部・側腹部的伸展

俯趴，扭轉下半身

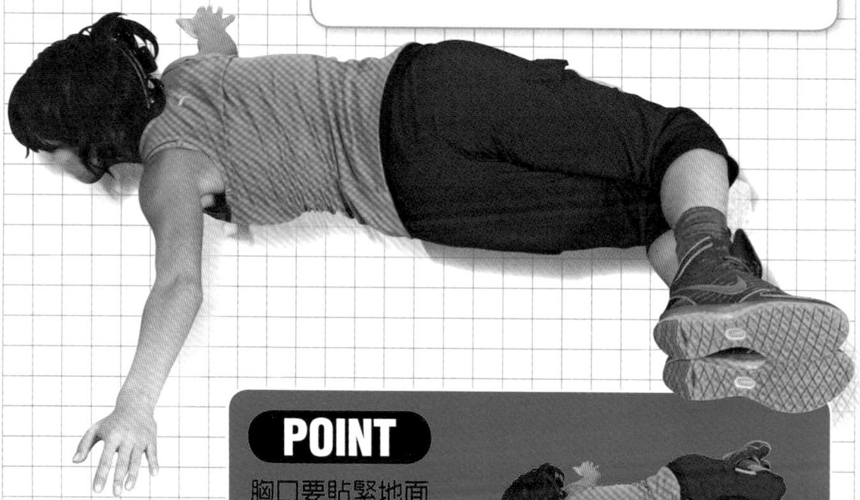

扭轉下半身

先俯趴，雙手攤開平放在兩側。雙膝彎曲90度，慢慢呼吸，讓膝蓋往側邊倒，扭轉下半身。

POINT

胸口要貼緊地面

當扭轉下半身時，整個胸口以上要緊貼地面，這是這個動作的重點。腰部和單側腳則是懸空。與其說扭轉腰部以下的下半身，扭轉胸口以下的下半身這種說法可能比較容易懂。

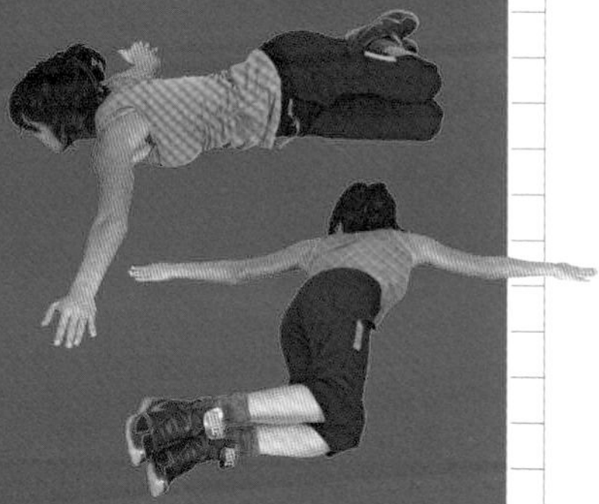

秒數 ●單邊40秒　呼吸 ●鼻子吸氣　●嘴巴吐氣

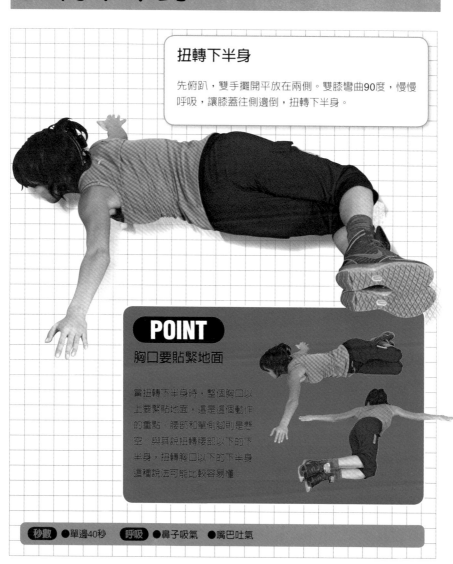

步行有助燃燒脂肪，對瘦小腹有絕大效果！

步行屬於有氧運動，可以有效燃燒全身的脂肪。同時，又可以刺激腹肌，是具有一舉兩得效果的運動。

步行4種類型

活用4種類型

1	一般步行	走2分鐘
2	交差步行	走1分鐘
3	一般步行	走2分鐘
4	半屈膝步行	走1分鐘
5	一般步行	走2分鐘
6	擺手步行	走1分鐘
7	一般步行	走2分鐘
8	急步行	走1分鐘
9	一般步行	走2分鐘

可自行變換順序，隨時安排一套最不會煩膩的組合。

訓練前後，步行的正確作法

鍛鍊肌肉之前的熱身運動	鍛鍊肌肉後的緩和運動
10~15分鐘左右	20分鐘左右

讓全身充滿氧氣，幫助脂肪燃燒

所謂有氧運動，是指藉由某種程度的長時間運動，利用氧氣燃燒體內囤積的脂肪，使其轉化為熱量。步行就是最具代表的有氧運動。

藉由步行，全身消耗氧氣，隨之也就容易消耗熱量，大量燃燒脂肪，不但能夠瘦身，還可加強心肺功能，增加肌耐力。

之後要介紹的4種步行，都可以有效刺激腹肌。既是有助於燃燒脂肪的有氧運動，也是鍛鍊腹肌的訓練計畫之一。若一般步行走2分鐘的話，特殊步行就走1分鐘。

若當作訓練前的熱身運動，就要步行10分鐘，若當作訓練後的緩和運動，就要持續步行20分鐘。

WALKING

步行 01 交叉步行

增加腹肌緊張度，提昇全身的代謝

效果！ ●使用腹肌 ●1步1步加大 ●提昇代謝

1 交叉踏出每一步

雙手置於腰上，雙腳交叉走。先踏出的那隻腳位置要比另外一隻腳還要稍微偏外側，以這樣的方式向前走，在習慣之前，可以先慢慢走。為了讓雙腳交叉，就必須比平常更用力使用腹肌。

2 指尖要朝向前

雖然交叉走，但腳指尖要朝向前面，步伐要比平常走路大一些。

NG 姿勢

腳指尖不可向內側彎

腳指尖向內彎，從髖關節到腰部彎曲，這些姿勢都是不正確的。另外也要避免膝蓋太過彎曲。為了呈現完美的交叉步行，會意外發現使用到各處的肌肉。

WALKING

步行 02 半屈膝步行

使用臀部和腹肌

效果！ ●安定骨盆 ●使用腹肌 ●使用臀部

1 腰部放低

兩手置於腰上，重心放低走。兩腳膝蓋微屈，兩腳張開的距離比肩幅寬。為了要將腰部放低走，就勢必得穩住骨盆，而要穩住骨盆，就必須使用腹肌的力量。

2 背部打直

為了放低腰部，膝蓋和髖關節必須微彎，這時要特別留意，上半身不可太過前傾，要盡量將背部向上挺直。

WALKING

步行 03 擺手步行

重心拉高，膝蓋提高

效果！ ●重心拉高 ●膝蓋提高 ●1步1步加大 ●提昇代謝

2 手臂向前擺動

要隨時留意手臂是向前擺動。手肘和拳頭都不可以離身體太遠。以肩膀為軸心用力滑過身體側邊，盡可能大幅度地擺動。

1 手臂甩高

雙手肘彎曲呈90度，擺動手臂時，拳頭要來到頭頂的高度。手臂甩高，重心就會跟著提高，向前走時，膝蓋提高，步伐就會加大。如此一來，代謝就會隨之提昇。

NG 姿勢

上半身不可向後傾

因為用力擺動手臂而使得上半身向後傾，這樣是不正確。雙膝外開、手肘離身體太遠，這些姿勢也都要避免。

GOOD 姿勢

WALKING

步行 04 急步行

手臂在腰前橫向擺動

效果！ ●安定骨盆 ●腳步加快 ●大量使用腹肌 ●提昇代謝

1 手在腰部前面

手肘微微彎曲，拳頭在腰部前面的位置，兩手左右橫向擺動。擺動的幅度要過半來到身體側邊。

2 腳步加快

步伐要小，但腳步要快。要穩住骨盆，要必須靠腹肌來帶動腳的移動。

NG姿勢

不可以向前傾。

因為雙手在身體前面擺動，身體很容易就會變成像是要行禮的姿勢，所以必須挺胸背拉直地往前走。

COLUMN 3

依職業類型不同的訓練方式
辦公室族篇

依職業類型不同的訓練方式第1回，辦公室族篇。所謂辦公室族，這裡設定的是一整天幾乎坐在辦公桌前敲電腦的族群。

若一整天長時間坐著，維持相同的姿勢，血液循環就會變差。這是因為血液並非僅依靠心臟就可以送至全身。從心臟流出的血液，必須藉由肌肉收縮的力量，才能流至身體各個角落。所以也可以說，肌肉是第2個心臟。

然而，整天坐著的辦公室族，就時常會因為肌肉收縮不足而造成血液循環不良。所以辦公室族的訓練方式，重點就在於「動」。

在訓練之前，要先轉動一下肩膀和頭部，充分活動腳踝和手腕等末稍部位，讓血液循環慢慢活絡起來，這樣訓練的功效就會有所提昇。將這想為運動前的準備動作，多花一點時間熱身，訓練的效果就會更好。脂肪分解後會流入血液中；分解後轉化成熱量要仰賴血液送至肌肉；肌肉要燃燒熱量所必需的氧氣，也得依靠血液運送。所以，訓練之前，使血液循環順暢可說是有利無害。當然了，利用工作空檔做一下這些運動，對身體也是非常好的。

PART 4

瘦小腹
塑身運動組合餐

接下來就要正式進入訓練課程。
我們要推翻以往大家對腹肌運動的刻板印象。
這裡準備了非常豐盛的腹肌訓練組合餐，
是大家前所未聞的多樣化訓練腹肌法。
每一種都是消除可恨小圓肚的最佳武器。

初學者篇 *for beginner*

靜態訓練

所需時間 **30**分

維持使用腹肌的姿勢，簡單的訓練法。

推薦給之前不太運動的，或是最近運動不足的人。維持這個姿勢 5 秒的腹肌訓練法！

即使動作是靜止的，也不忘規律的呼吸

初學者篇中的6種訓練方式，著眼點在於腹肌用力的每個姿勢都要維持5秒。一個固定姿勢維持一定時間不動，這叫做靜態訓練。對身體的負擔不會太大，所以不擅長運動的人也可以輕易做得到。

而靜態訓練的重點，即是擺出一個姿勢後，要將意識集中在我們所要特別訓練的肌肉上，利用那塊肌肉來維持這個姿勢。此外，雖然身體是靜止的，但也不能忘記規律的呼吸。很多人只要一用力就會不自覺閉氣，但若是希望訓練能發揮最大功效，就要有意識地規律呼吸。

現在就開始初學者篇的1～6項訓練。1～6項為1個回合，每個回合之間務必休息90秒，總共要3個回合。

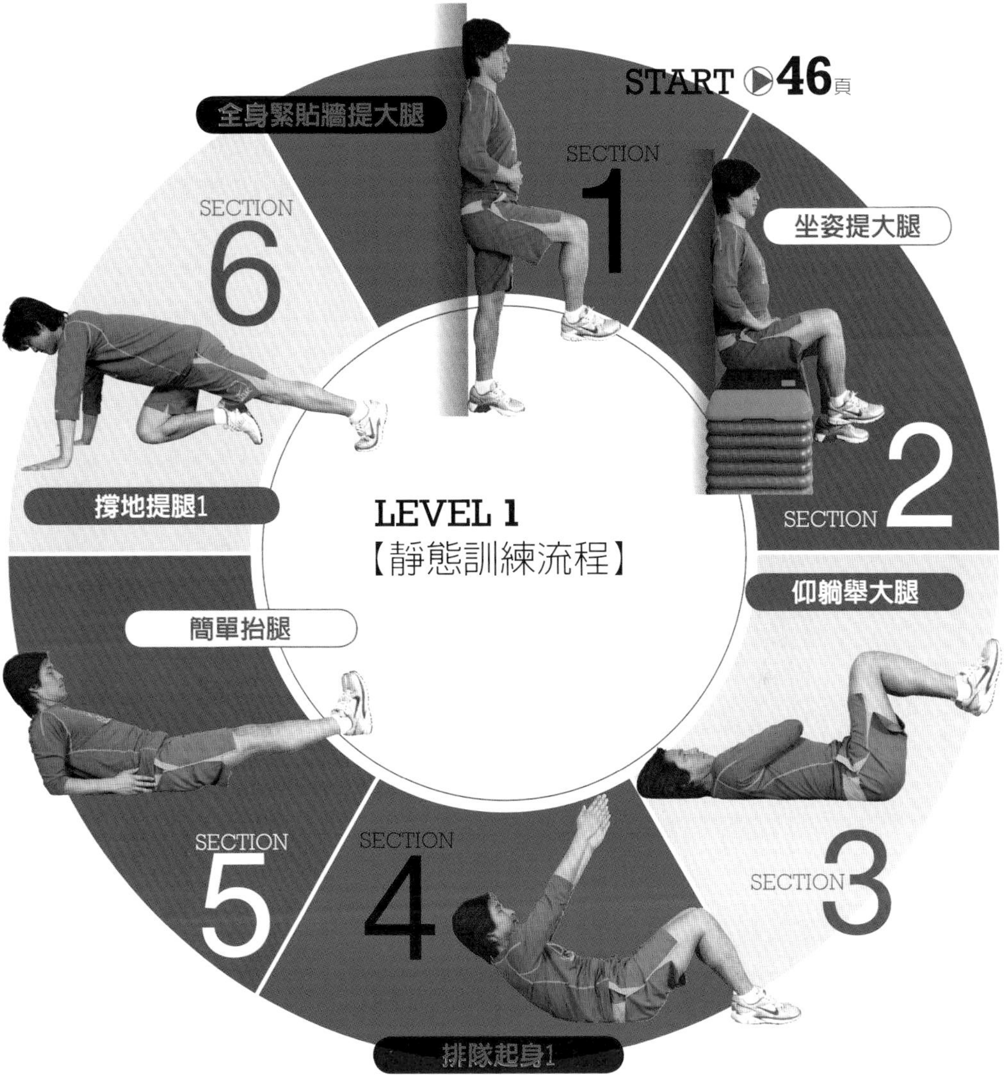

1	全身緊貼牆提大腿	▶	×10次
2	坐姿提大腿	▶	×10次
3	仰躺舉大腿	▶	×10次
4	排隊起身1	▶	×10次
5	簡單抬腿	▶	×10次
6	撐地提腿	▶	×10次

▶ 休息90秒 ▶ 第2回合 ▶ 休息90秒 ▶ 第3回合

SECTION 1

全身連同腰部都緊貼牆，提起大腿。

訓練重點

從簡單加壓開始。首先，讓身體意識到腹肌的使用。

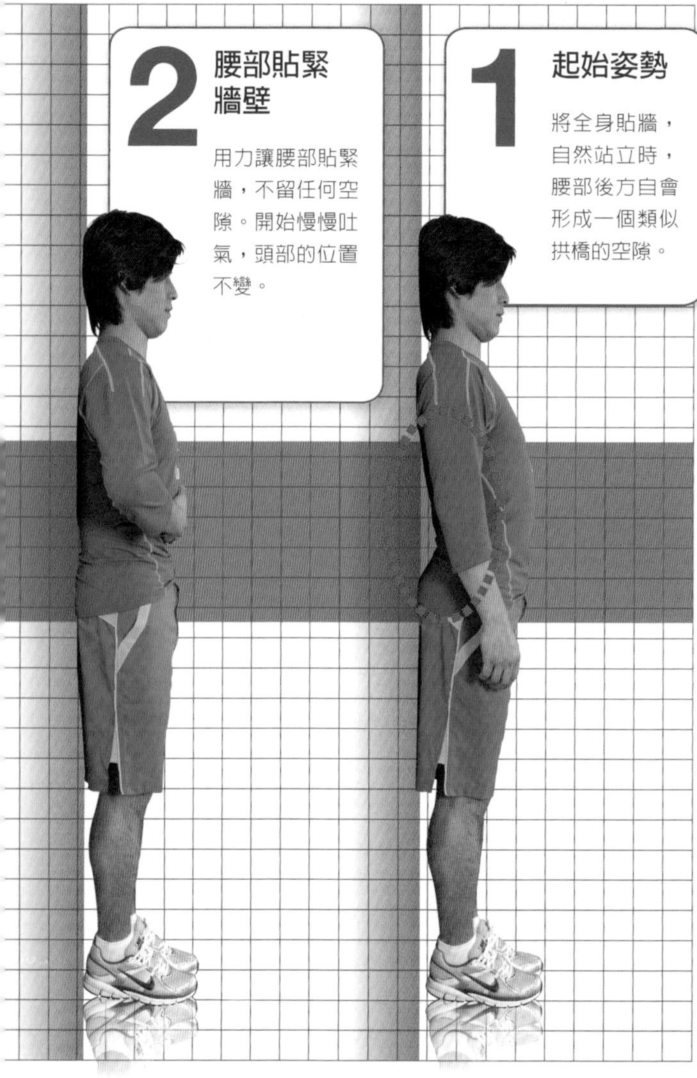

1 起始姿勢

將全身貼牆，自然站立時，腰部後方自會形成一個類似拱橋的空隙。

2 腰部貼緊牆壁

用力讓腰部貼緊牆，不留任何空隙。開始慢慢吐氣，頭部的位置不變。

次數

- 10次（單腳算一次，左右腳交換）

節奏與動作

- 提起大腿停留5秒

呼吸

- 提腳時➡吐氣

鍛鍊部位！

- 腹肌下半部

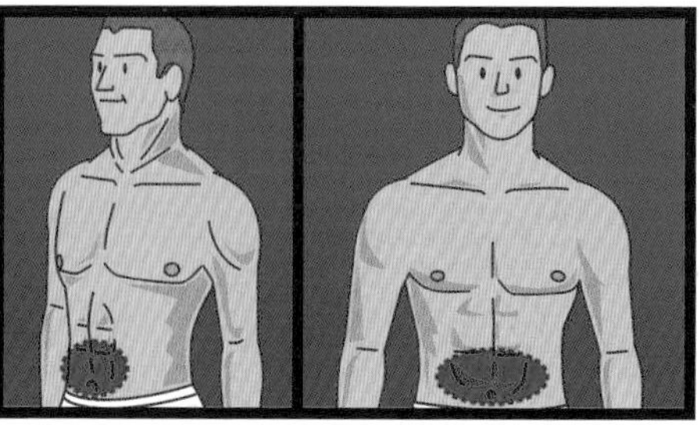

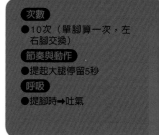

NG 姿勢

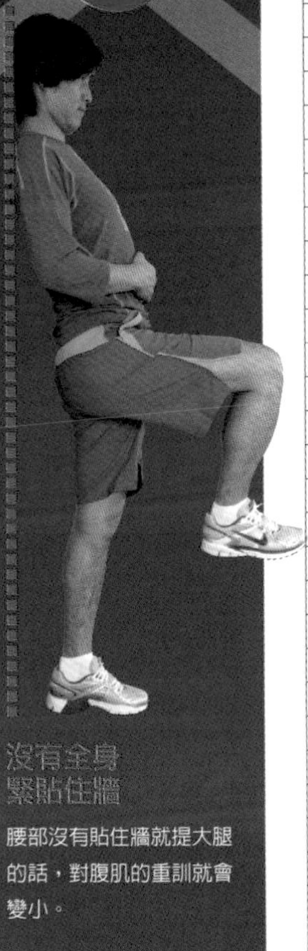

沒有全身緊貼住牆

腰部沒有貼住牆就提大腿的話，對腹肌的重訓就會變小。

3 提起大腿

全身緊貼住牆不留空隙後，提起大腿，屈膝90度，停留5秒。開始慢慢吐氣。

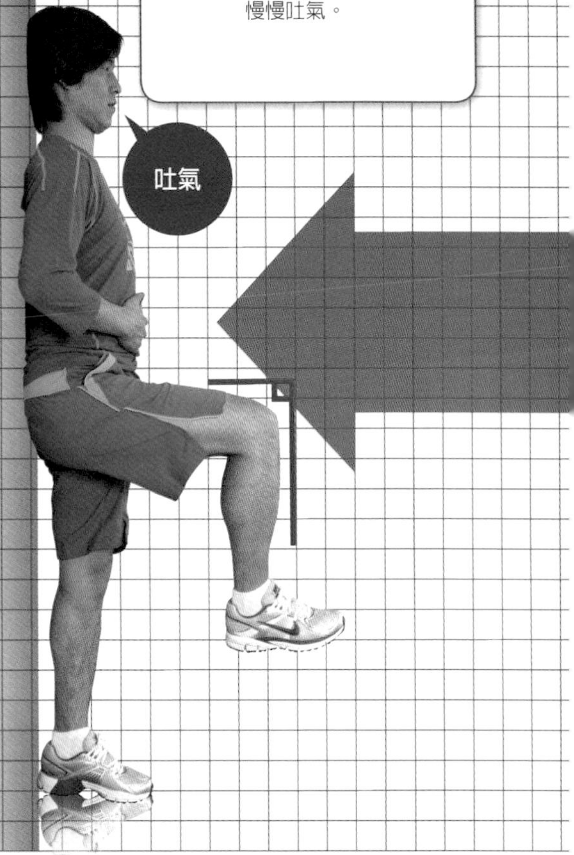

STEP UP↗

試著在瑜珈柱上做做看！

站在瑜珈柱上做抬大腿的動作，增加難易度。

站在瑜珈柱上，單手扶牆。

小心保持平衡，提起大腿保持5秒，然後再換腳。

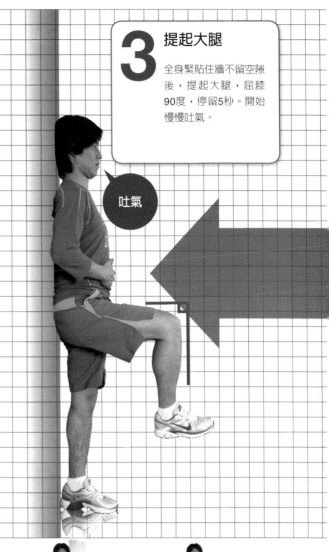

SECTION 2

坐在椅子或地板上舉起大腿。

訓練重點

多樣化的抬舉大腿，鍛鍊整塊腹肌。

1 起始姿勢

坐在椅子上，背部靠牆。

準備道具

●椅子

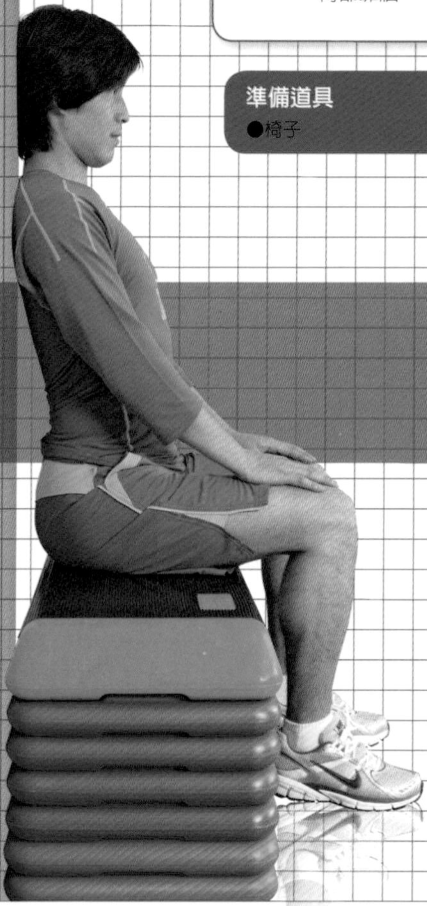

次數

●10次（單腳算一次，左右腳交換）

節奏與動作

●提起大腿停留5秒

呼吸

●提腳時➡吐氣

鍛鍊部位！

●整塊腹肌

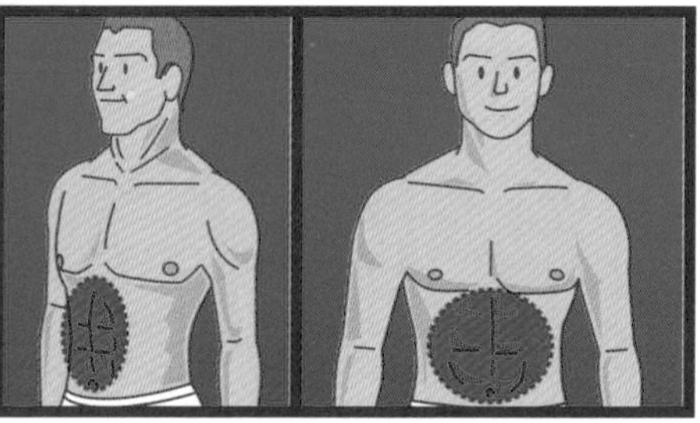

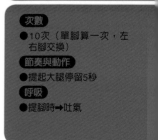

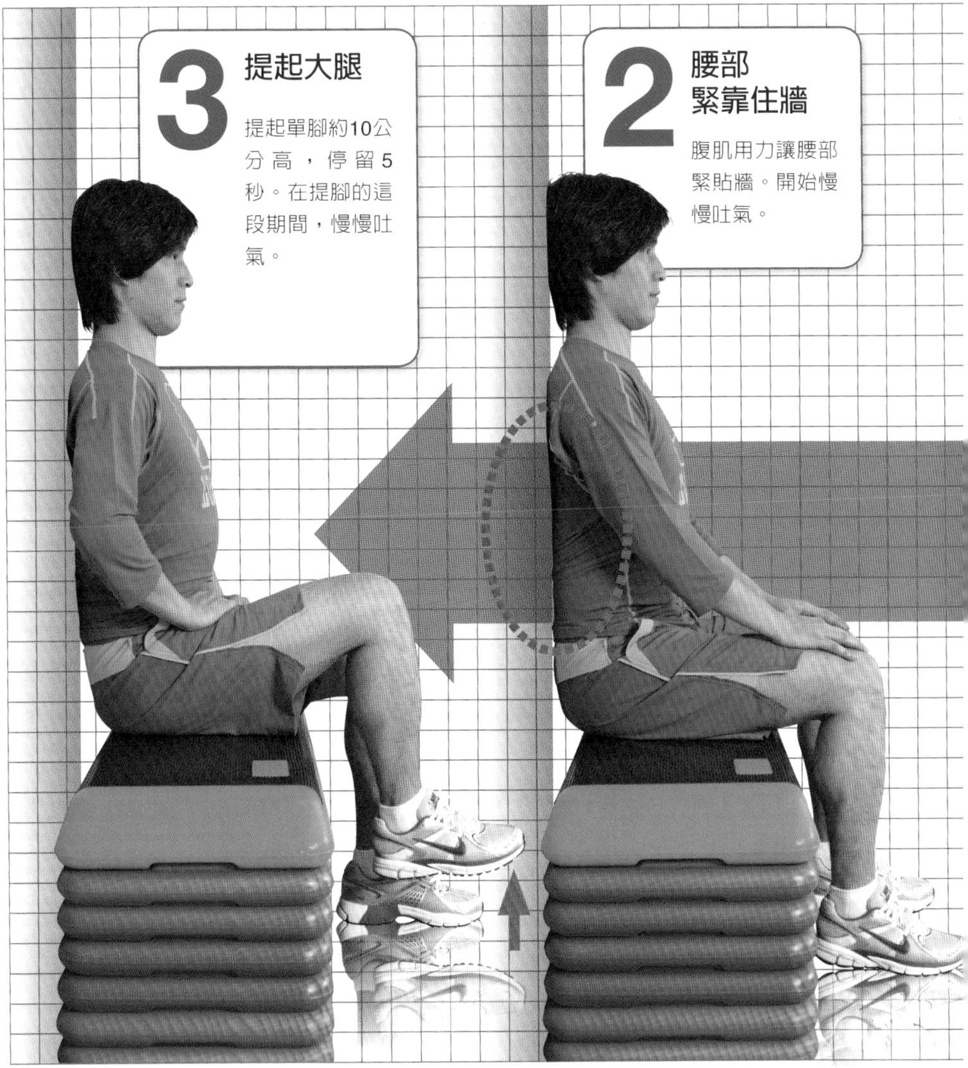

2 腰部緊靠住牆

腹肌用力讓腰部緊貼牆。開始慢慢吐氣。

3 提起大腿

提起單腳約10公分高，停留5秒。在提腳的這段期間，慢慢吐氣。

STEP UP↗

坐在地上的情況

起始姿勢

背部靠牆，單腳伸直坐，單腳屈膝90度，雙手置於屈膝的膝蓋上。

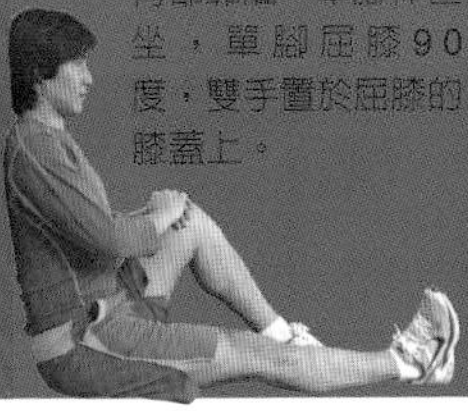

抬起伸直的腳

抬起伸直的那隻腳，要意識腹肌的使用，停留5秒，然後慢慢吐氣。

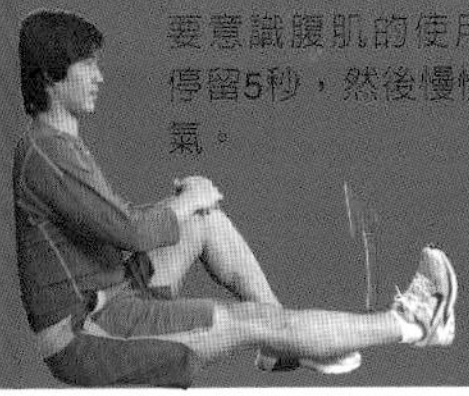

SECTION 3

採仰躺姿勢，舉起雙腳

訓練重點

對腹肌中央部位進行重量訓練。

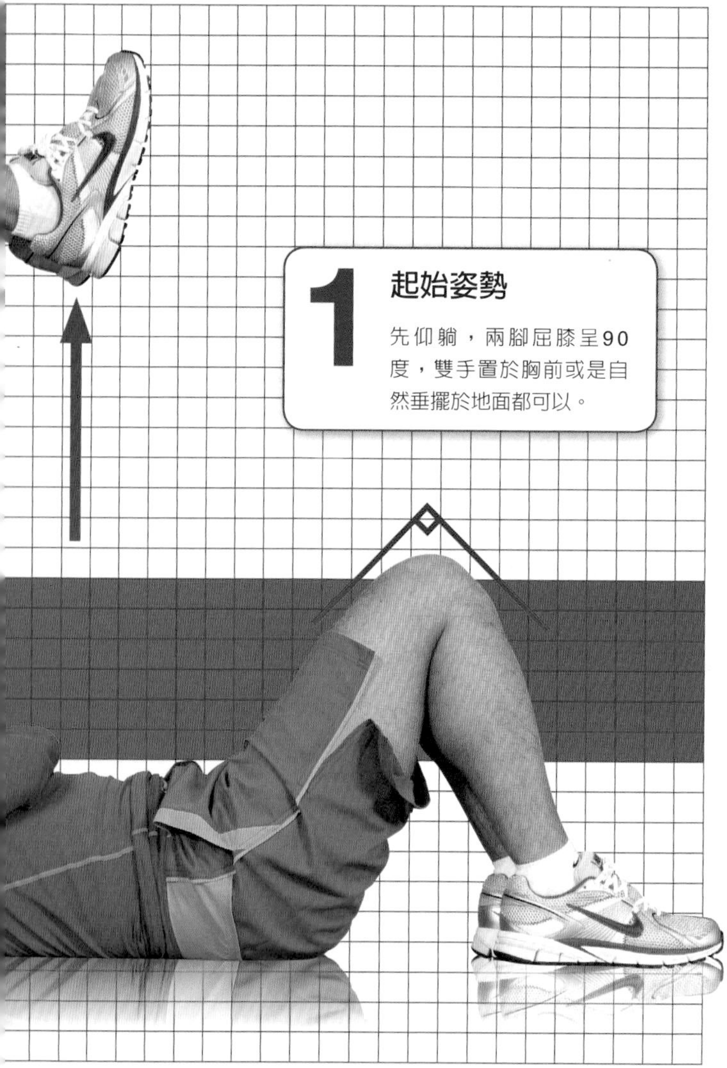

1 起始姿勢

先仰躺，兩腳屈膝呈90度，雙手置於胸前或是自然垂擺於地面都可以。

鍛鍊部位！

●腹肌中央部位

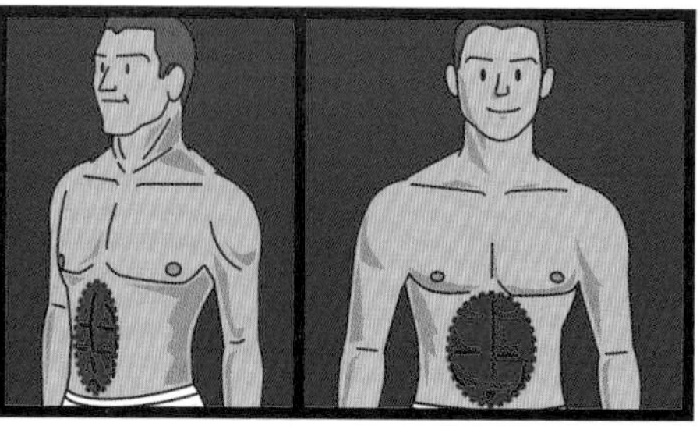

次數

●10次

節奏與動作

●舉起大腿停留5秒

呼吸

●提腳時➜吐氣

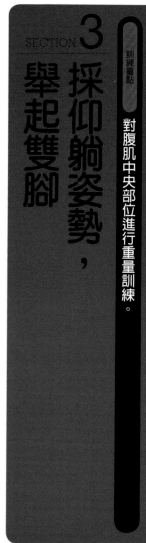

2 雙腳舉起

雙腳舉起與髖關節呈90度，停留5秒。雙腳舉起期間，慢慢吐氣。

NG 姿勢

腰部不可以離開地面

擺出起始姿勢與放下腳這兩個動作時，要注意腰部不可以離地。

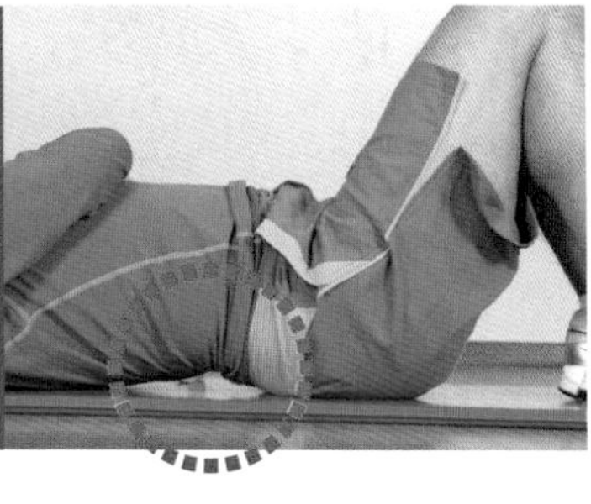

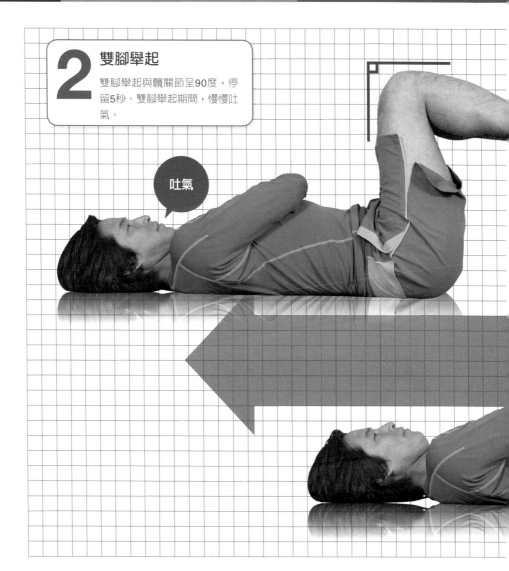

SECTION 4

兩腳屈膝仰躺，以排隊姿勢抬起上半身

訓練重點

幫典型的腹肌訓練動作施加點壓力。

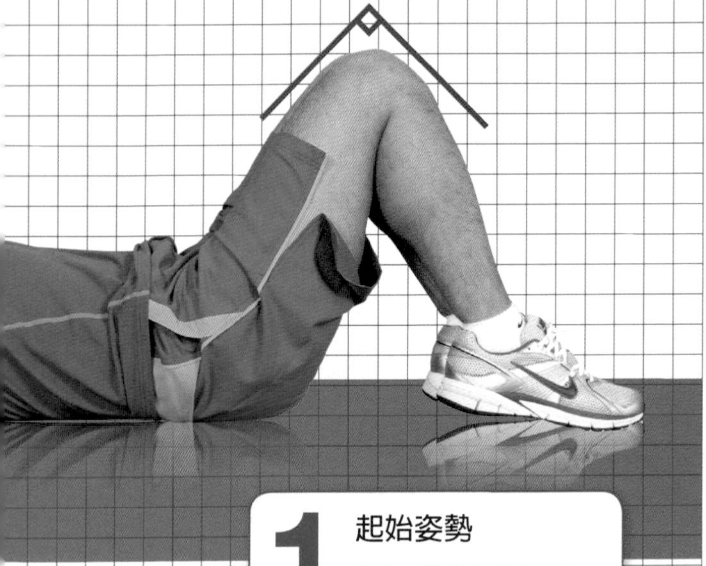

1 起始姿勢

仰躺，雙腳屈膝呈90度。像排隊姿勢一樣雙手舉高。

鍛鍊部位！

●整塊腹肌

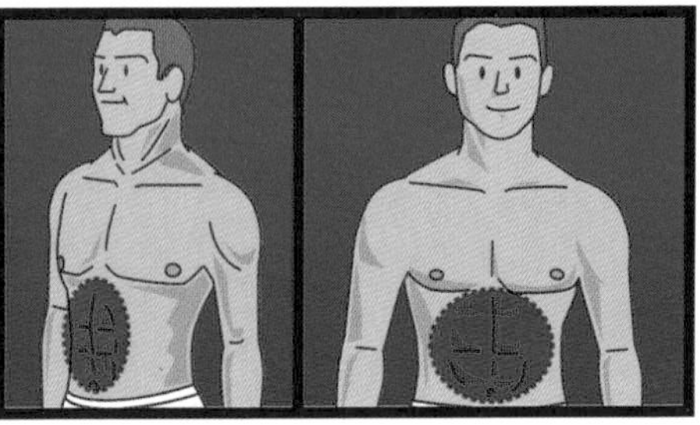

次數

●10次

節奏與動作

●抬起上半身停留5秒。

呼吸

●抬起時→吐氣

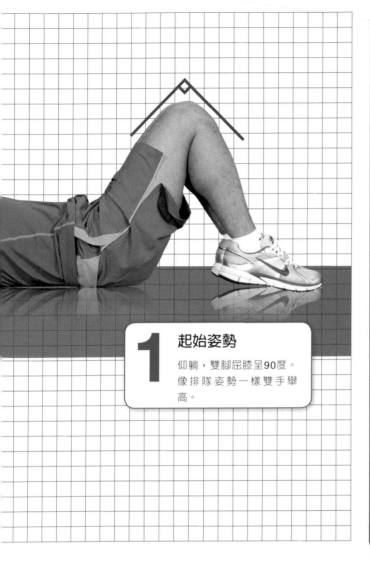

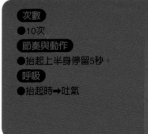

2 抬起上半身

維持排隊姿勢，像仰臥起坐般抬起上半身。抬高約45度角，停留5秒，然後慢慢吐氣。

NG 姿勢

不可以只抬起頭

若彎曲身體只抬起頭，就沒有使用到腹肌的力量。要伸直背將上半身抬起。

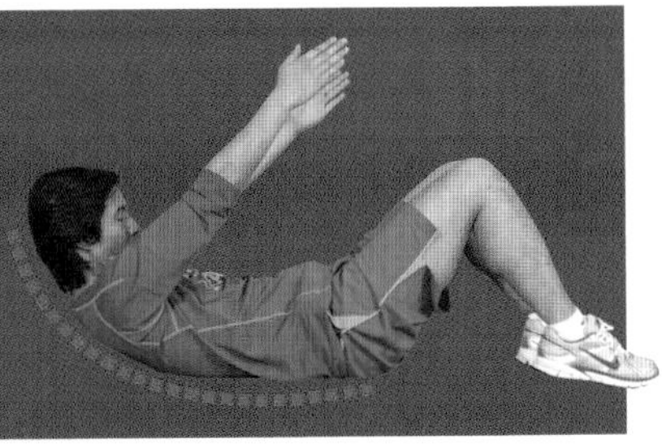

SECTION 5 手肘撐地仰躺姿勢，兩腳同時抬高。

訓練重點

輕鬆抬腳鍛鍊腹肌。

1 起始姿勢

仰躺，然後用手肘撐地，
將上半身微微撐起。

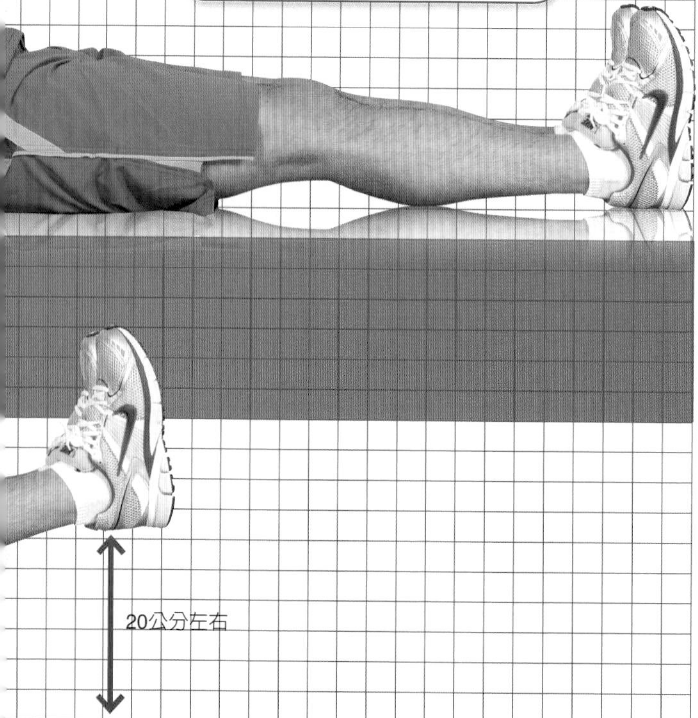

鍛鍊部位！

●腹肌下半部

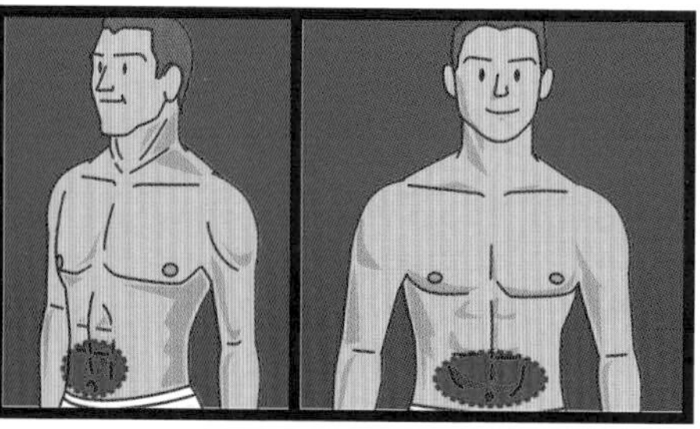

次數

●10次

節奏與動作

●抬舉兩腳停留5秒。

呼吸

●抬腳時→吐氣

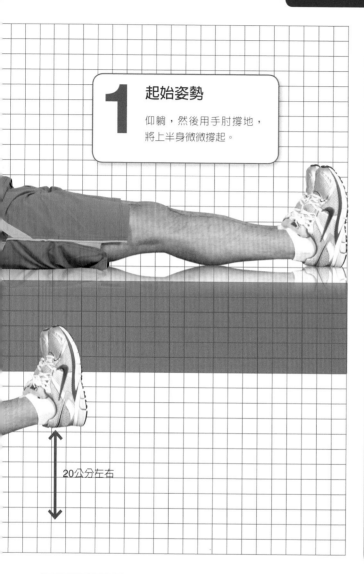

2 雙腿伸直往上抬高

膝蓋要伸直，兩腳抬高20公分，停留5秒，慢慢吐氣。

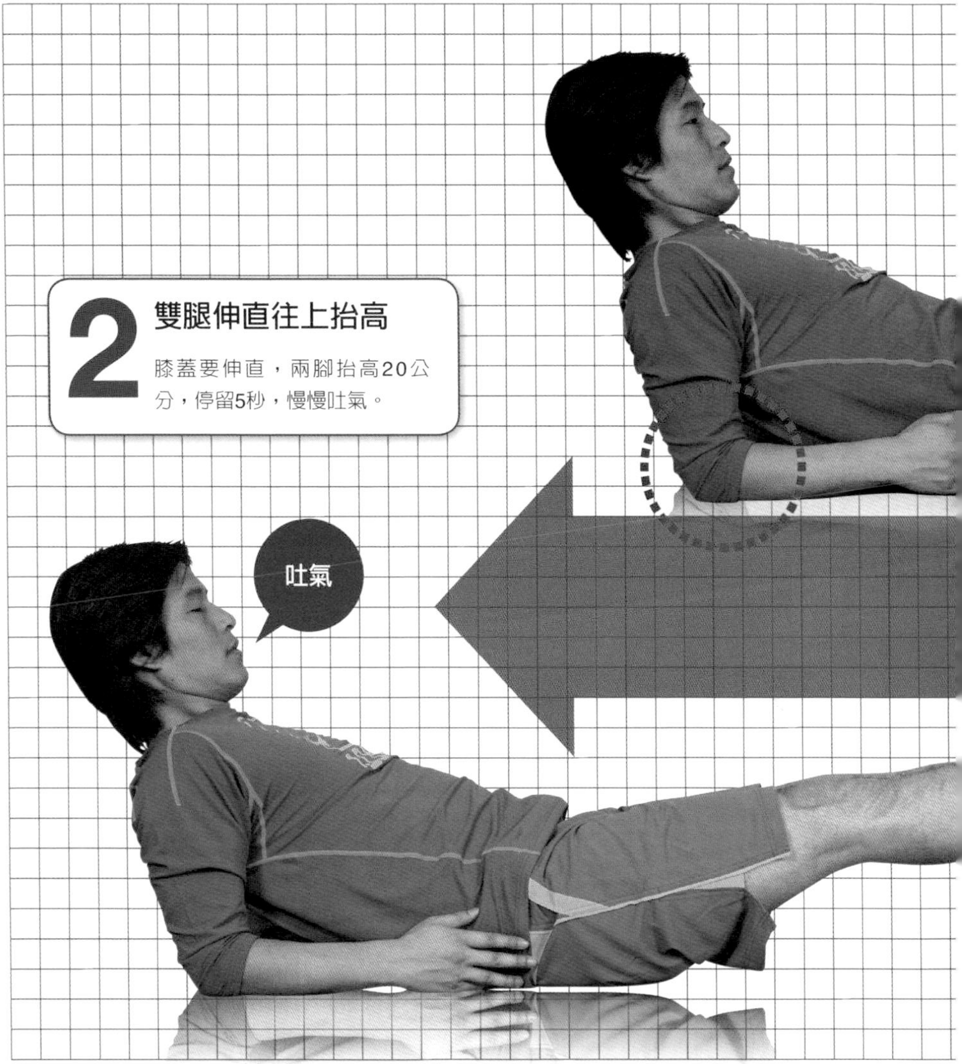

NG姿勢 膝蓋不可彎曲

抬舉兩腳時，若膝蓋彎曲，對身體的重量訓練會減小，相形之下效果較為不好。但是腰痛的人雙腳可彎曲。

SECTION 6

伏地挺身姿勢，提起單邊腳。

訓練重點

邊保持身體平衡，邊適度加壓於腹肌。

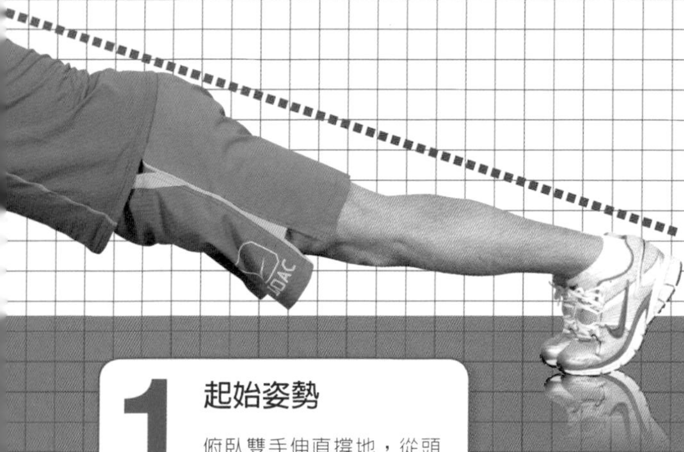

1 起始姿勢

俯臥雙手伸直撐地，從頭部至腳跟呈一直線。

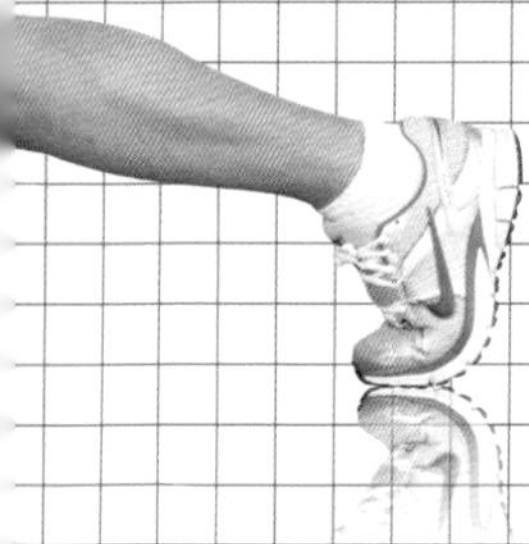

2 大腿往前提至胸口

身體保持平衡後，將單腳往前提至胸口處，不著地停留5秒，然後慢慢吐氣。

鍛鍊部位！

●整塊腹肌

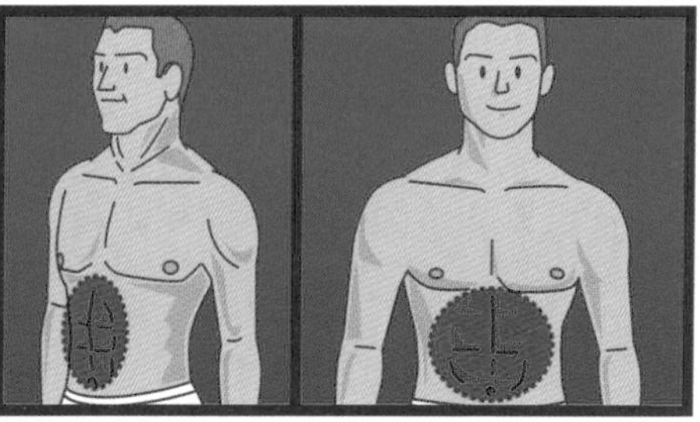

次數

●10次（單腳算一次，左右腳交換）

節奏與動作

●提舉單腳停留5秒

呼吸

●提腳時→吐氣

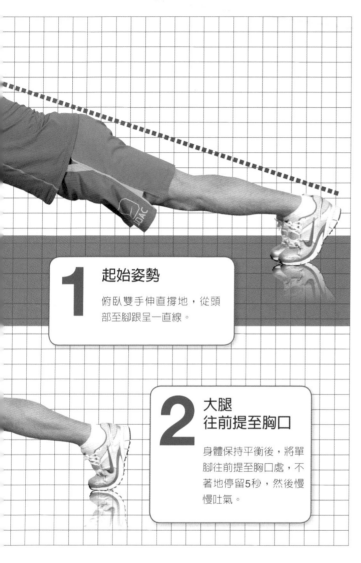

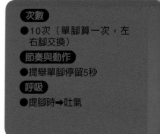

STEP UP↗

試著在瑜珈柱上做做看！

利用瑜珈柱做這個動作增加難易度。

將兩手置於瑜珈柱上，採俯臥撐地的姿勢。

▼

提起單腳停留5秒。雙手撐在瑜珈柱上，要保持平衡會更加困難。

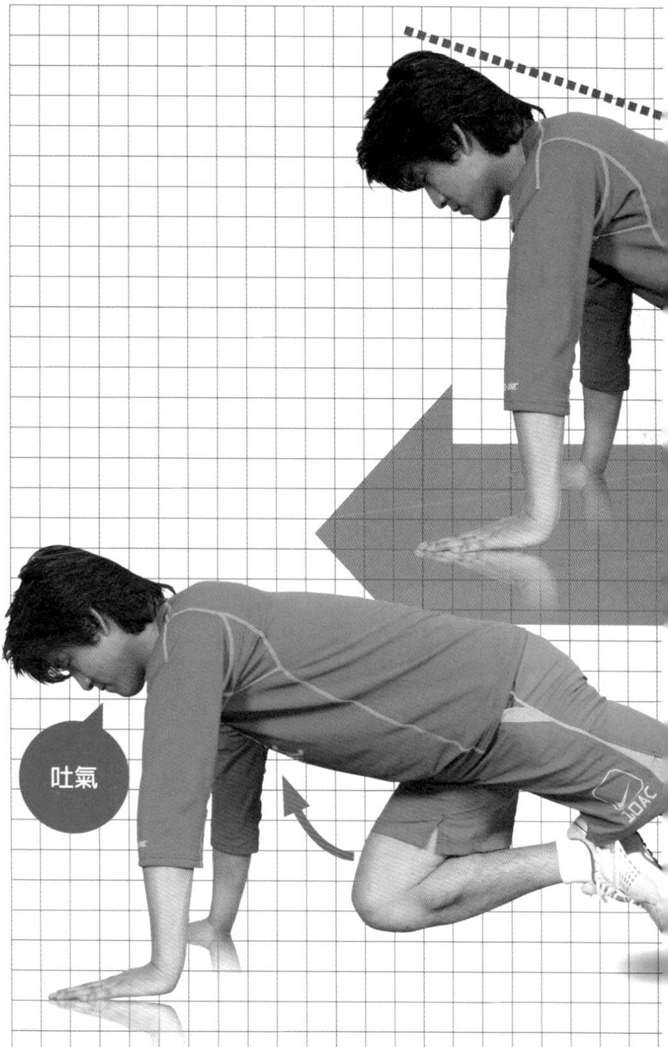

NG
姿勢

腰臀不可翹起

要留意當提起單腳時，不可讓腰臀翹起。

初學者篇 normal level

動態訓練

所需時間 30分

在連續動作中，鍛鍊腹肌的基本運動

邊計數邊活動身體各部位，對整塊腹肌、下腹部與側腹進行重量訓練。

藉由活動與腹肌相連的雙腳來加以鍛鍊腹部

這是針對初學者的動態訓練。相對於初學者篇中靜態訓練的停留5秒，動態訓練是配合數秒持續動作來加以鍛鍊腹肌。

這是一套可以好好鍛鍊整塊腹肌、下腹部與側腹部的訓練組合餐。

依動作的不同，有5數一個動作，也有3數一個動作，訓練時要特別留意這點。

另外，關於呼吸部分，只有第4項「排隊姿勢向後傾」的動作，在向後傾倒時要吸氣，這點要留意。

初級者篇和初學者篇相同，都是1~6項連續動作，同樣也都是每一回合之間休息90秒。

1	提大腿	▶ ×12次
2	肘膝碰仰臥起坐	▶ ×12次
3	排隊起身2	▶ ×12次
4	排隊姿勢向後傾	▶ ×12次
5	抬腿	▶ ×12次
6	撐地提腿2	▶ ×20次

▶ 休息90秒 ▶ 第2回合 ▶ 休息90秒 ▶ 第3回合

SECTION 1

兩手枕腦後，左右腳輪流抬舉。

訓練重點

保持單腳平衡姿勢以鍛鍊腹肌下半部。

1 起始姿勢

兩腳張開與肩同寬，雙手枕在腦後。

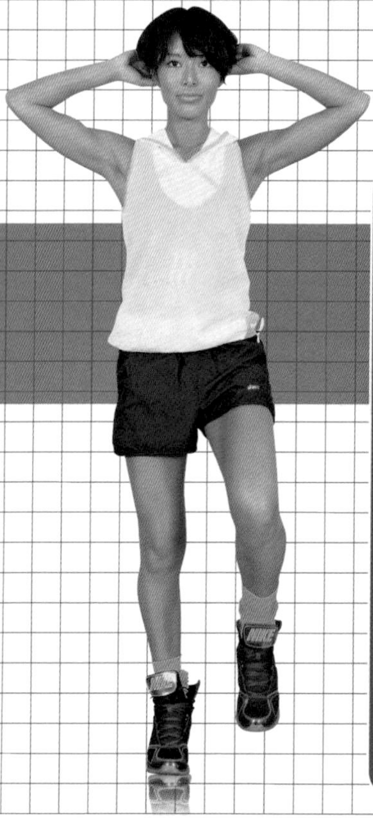

POINT

背部伸直

提舉大腿時，背部仍要保持一直線。

鍛鍊部位！

● 腹肌下半部

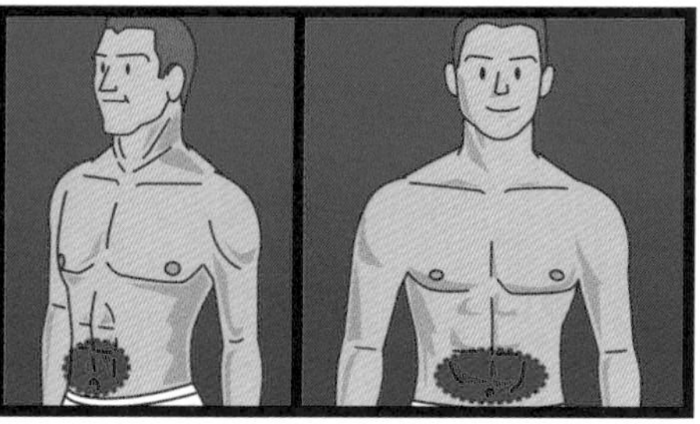

次數

● 12次（單腳算一次，左右腳交換）

節奏與動作

● 1.2.3.4.5 提舉大腿
● 6.7.8.9.10 腳放下

呼吸

● 1.2.3.4.5 ➡ 吐氣
● 6.7.8.9.10 ➡ 吸氣

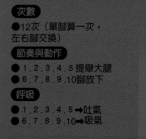

2 提舉大腿

邊數到5邊將大腿提舉至水平位置，這時要慢慢吐氣。

3 左右腳交換

邊吸氣邊數到5將腳放下，換腳一樣邊吐氣數到5，邊把腳舉起來。

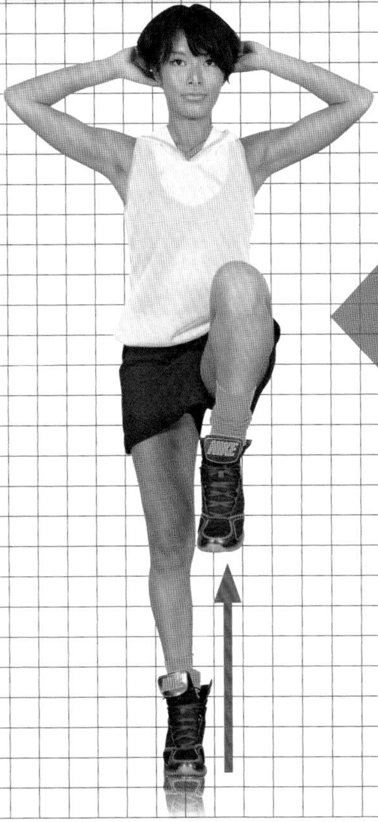

NG 姿勢

腰部不可彎曲

要注意提舉大腿的時候，腰部和背部不可以彎曲駝背。

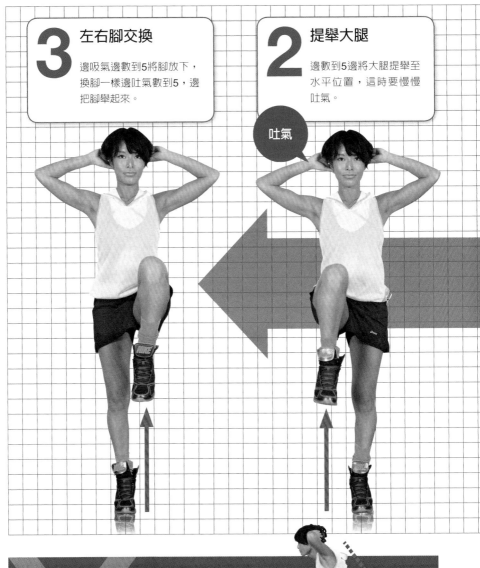

SECTION 2

訓練重點

呈對角線的手肘與膝蓋互碰來鍛鍊側腹部。

仰躺，利用腹肌力量讓左右的手肘與膝蓋互碰。

1 起始姿勢

先仰躺，屈膝呈90度，雙手枕於腦後。記得手肘要騰空不著地。

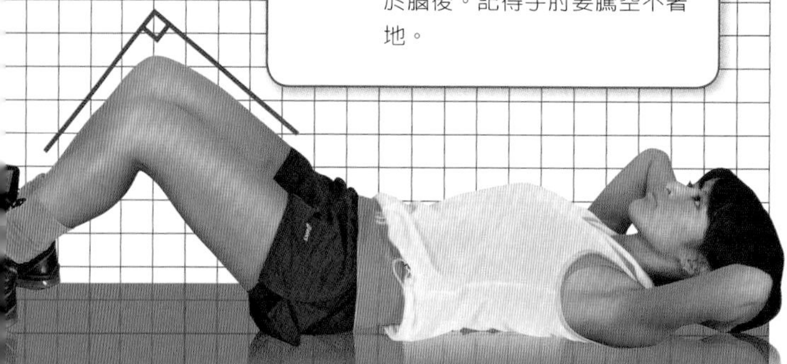

2 扭轉身體，左手肘碰右膝蓋

邊有節奏地吐氣數到5，邊慢慢地使用腹肌，扭轉身體讓身體稍微成球狀，左手肘和右膝蓋互碰。

鍛鍊部位！

●腹側肌群

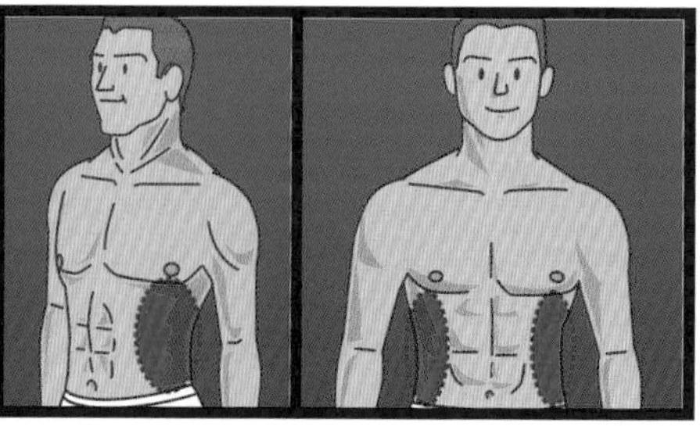

次數

●12次（單邊算一次，左右交換）

節奏與動作

●1.2.3.4.5互碰
●6.7.8.9.10恢復原狀

呼吸

●1.2.3.4.5→吐氣
●6.7.8.9.10→吸氣

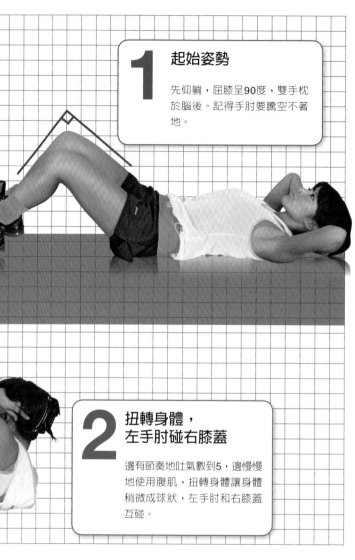

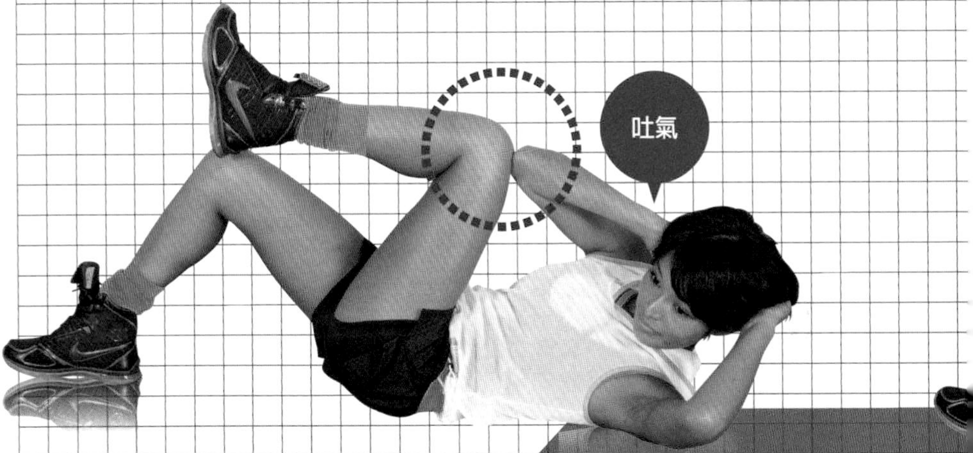

3 回到起始姿勢，換右手肘和左膝蓋互碰

邊吸氣數到5，邊慢慢將手腳放下回復到起始姿勢，然後再換右肘左膝互碰。

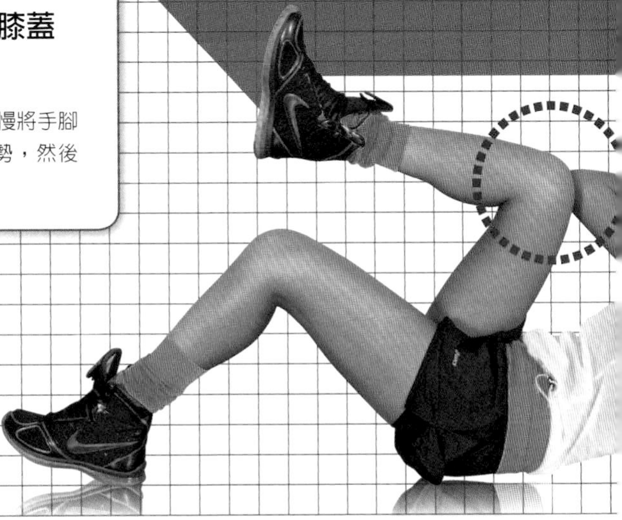

POINT

互碰位置大約在肚臍上方

若要互碰，只移動下半身就可以做得到，但這裡要同時使用上半身與下半身，所以互碰位置要大約在肚臍上方。

SECTION 3

訓練重點

身體向後傾至離地面約45度角，再回復起始姿勢鍛鍊腹肌。

較之前的排隊起身1（p52）更能鍛鍊整塊腹肌。

1 起始姿勢

先採體育課坐姿，屈膝約90度，雙手向前舉像排隊姿勢。

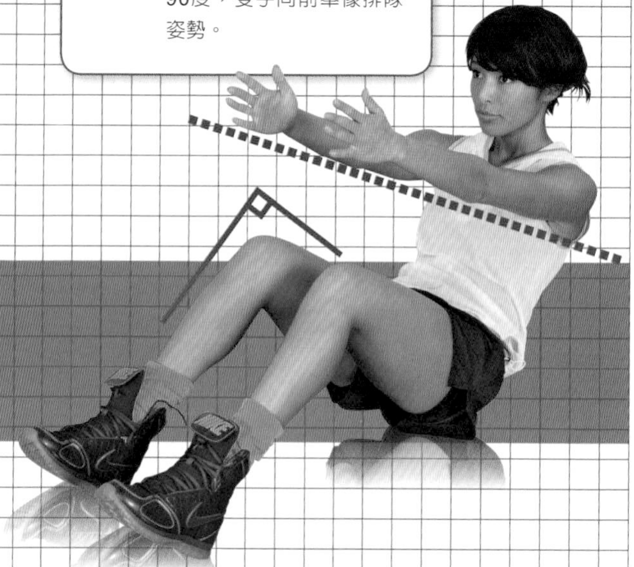

POINT

腳部伸直的變化姿勢

亦可以腳部伸直來做這個起身動作，但因為力量會集中在腹肌下半部，相對地對腰部的負擔會加大，所以腰痛的人請避開這個動作。

次數

● 12次

節奏與動作

● 1.2.3.4.5向後傾
● 6.7.8.9.10恢復原狀

呼吸

● 1.2.3.4.5➡吸氣
● 6.7.8.9.10➡吐氣

鍛鍊部位！

● 整塊腹肌

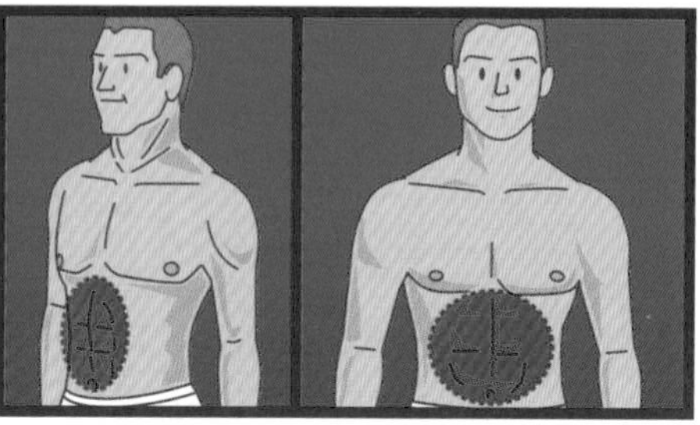

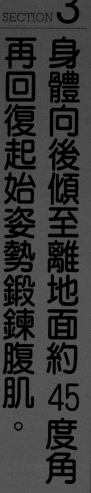

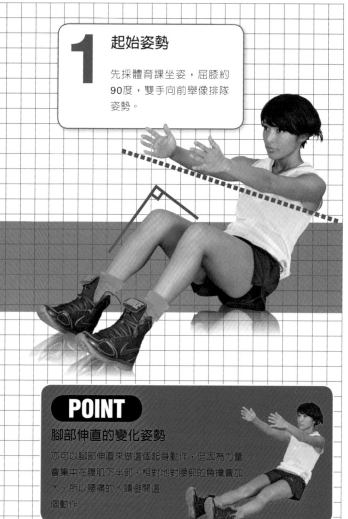

2 邊吸氣邊向後傾

邊吸氣數到5，邊慢慢向後傾，不要完全倒在地面上，約離地45度角就停止

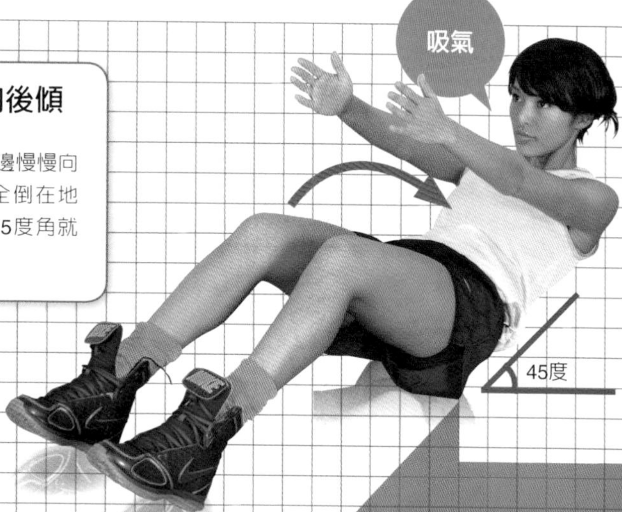

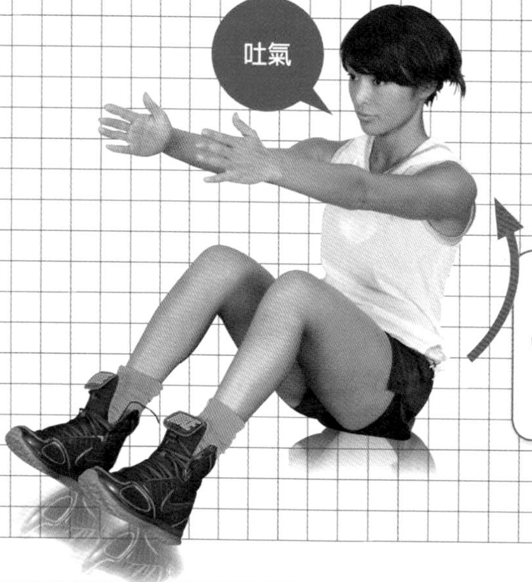

3 邊吐氣邊起身

邊吐氣數到5，邊慢慢起身回復起始姿勢。

STEP UP↗

試著在瑜珈柱上做做看！

在瑜珈柱上做排隊起身的動作，增加難易度。

仰躺在瑜珈柱上，雙腳屈膝90度。

邊吐氣數到5，邊抬起上半身約45度，然後再邊吐氣數到5，邊將身體慢慢回復到起始姿勢。

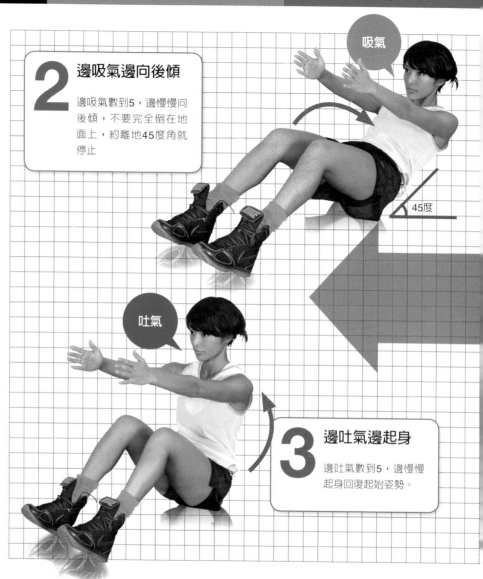

SECTION 4

跪立的排隊姿勢，身體向後傾、回復原狀。

訓練重點

利用撐住向後傾的上半身來鍛鍊腹肌下半部。

1 起始姿勢

先跪立在地，雙手向前平舉，像排隊的姿勢。

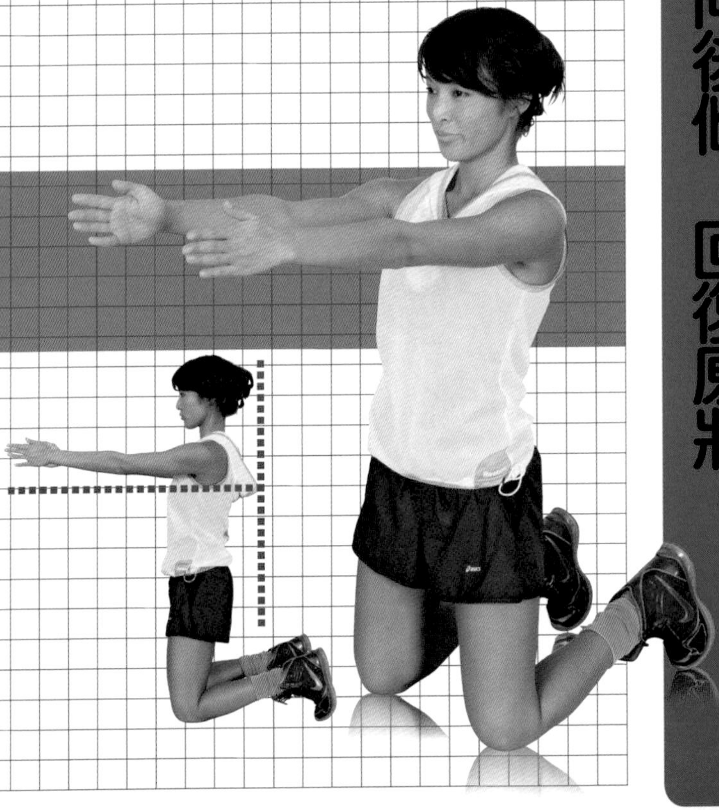

鍛鍊部位！

● 腹肌下半部

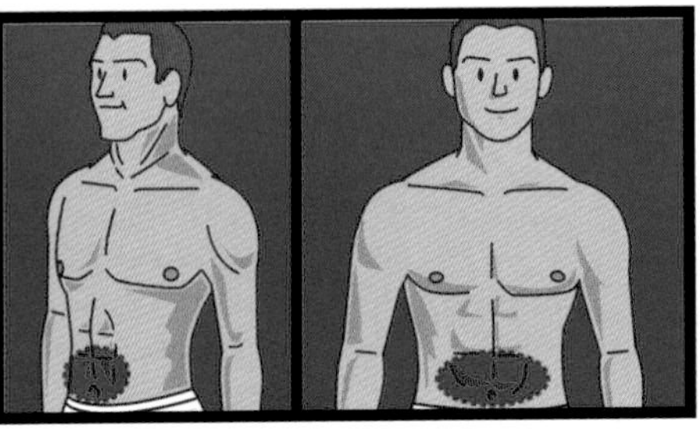

次數

● 12次

節奏與動作

● 1, 2, 3, 4, 5 向後傾
● 6, 7, 8, 9, 10 恢復原狀

呼吸

● 1, 2, 3, 4, 5 ➡ 吸氣
● 6, 7, 8, 9, 10 ➡ 吐氣

2 身體向後傾

邊吸氣數到5，邊將身體慢慢向後傾。背部要伸直，以膝蓋為支撐點向後傾，到極限之後，就邊吐氣數到5，邊回復到起始姿勢。

NG姿勢 身體不可以變成弓字形

身體向後傾的時候，若變成弓字形，腹肌的重訓就會減弱，所以要保持從膝蓋到頭部呈一直線。

GOOD姿勢 背部撐住成一直線

從膝蓋到頭部呈一直線地往後傾。維持這個姿勢的話，就可以對腹肌施壓加以鍛鍊。

SECTION 5

仰躺，抬舉雙腳，將雙膝彎曲至胸前

訓練重點 藉由抬舉雙腿屈膝的動作來鍛鍊整塊腹肌

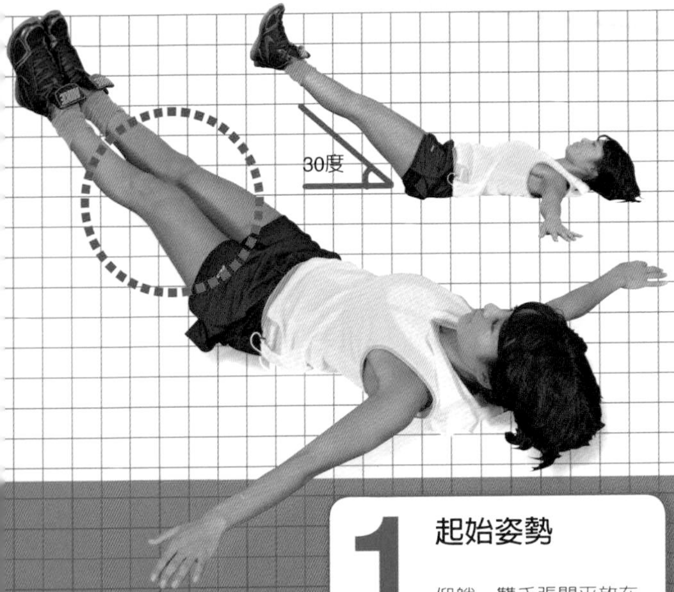

1 起始姿勢

仰躺，雙手張開平放在地，雙腳抬高約30度，膝蓋伸直不彎曲。

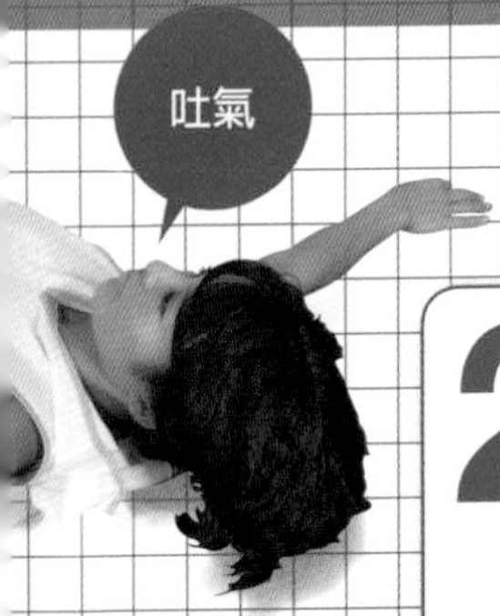

2 雙膝彎曲至胸前

邊吐氣邊彎曲雙腳往胸前靠近。不需將腳往上舉，只要往胸前靠近。

鍛鍊部位！

●整塊腹肌

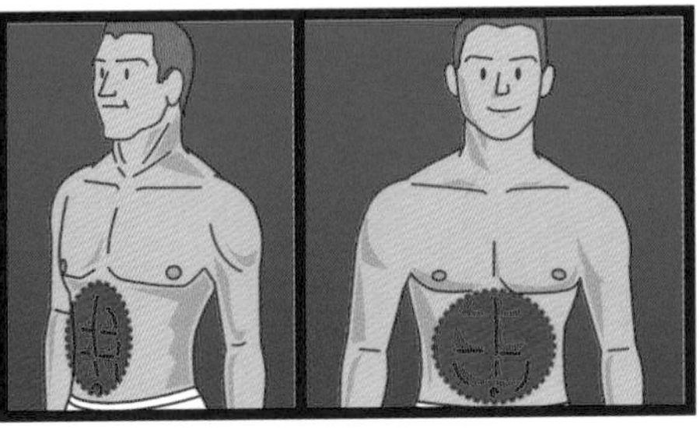

次數

●12次

節奏與動作

●1.2.3 屈膝拉近

●4.5.6 腳伸直

呼吸

●1.2.3→吸氣

●4.5.6→吐氣

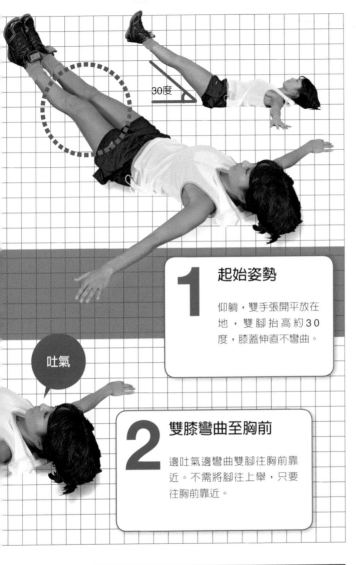

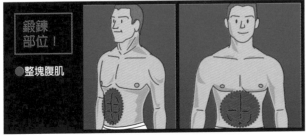

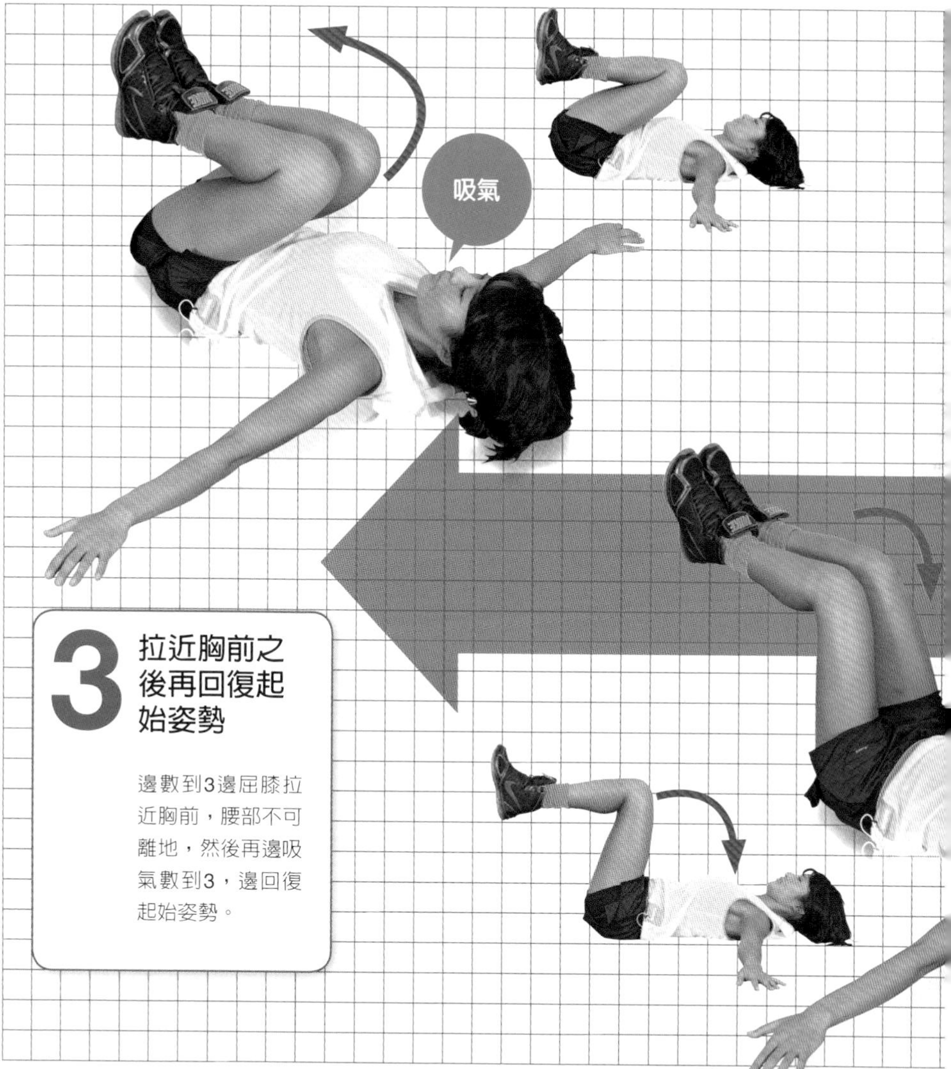

3 拉近胸前之後再回復起始姿勢

邊數到3邊屈膝拉近胸前，腰部不可離地，然後再邊吸氣數到3，邊回復起始姿勢。

NG 姿勢

腰部不可離地，腳不可舉高

這個動作並不是要屈膝將腳舉高，而是要留意腰部不可離地。

SECTION 6

訓練重點加快提腿節奏來鍛鍊腹肌下半部。

保持手臂撐地伏地挺身姿勢，將大腿提舉至胸前。

1 起始姿勢

伏地挺身的姿勢，兩手臂的寬度如肩寬。視線不是朝下，而是朝向斜前方。

鍛鍊部位！

●腹肌下半部

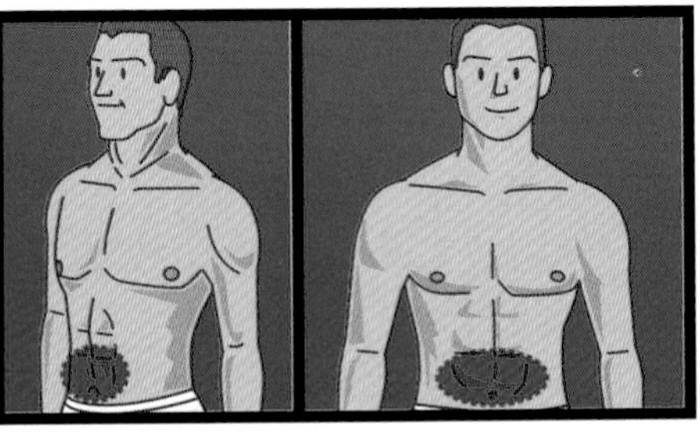

次數

●20次（單腳算一次，左右腳交換）

節奏與動作

●1.2.3 提大腿

●4.5.6 回復原狀

呼吸

●1.2.3➡吐氣

●4.5.6➡吸氣

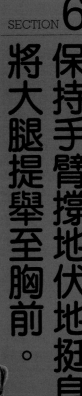

STEP UP↗

試著在瑜珈柱上做做看！

仰躺瑜珈柱上提腿，增加難易度。

先仰躺在瑜珈柱上，兩腳屈膝90度，雙手抱於胸前。

邊吐氣數到5，邊提膝，然後邊吸氣數到5回復原本姿勢。共10次。若無法平衡身體，將雙手攤開也可以。

2 單腳提膝至胸前

邊吐氣數到3將膝提至胸前，數到3回覆起始姿勢。彎曲的腳不要著地。

NG姿勢

拱起腰

要留意提膝的時候，腰部不要拱起。視線往下的話，腰部就容易拱起。

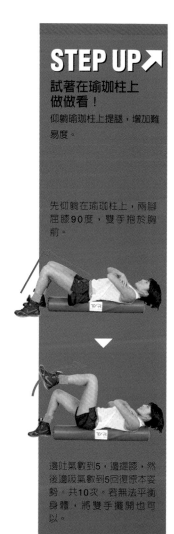

中級者篇 *intermediate level*

所需時間 40分

倒臥訓練

以身體的倒臥動作為主題，集中訓練腹側肌群

以倒臥身體為主的訓練動作，可以有效集中鍛鍊腹側肌群。

有效地重量訓練側腹部

中級者篇的訓練組合餐，是以倒臥訓練為主題。

在此將介紹身體以倒或臥來加以鍛鍊的動作。

這套組合餐要集中鍛鍊的部位是腹側肌群。平常生活中，我們較少會重訓腹側肌群這個部位。

所以中級者篇的訓練組合，就是要以使用側腹部的「倒臥」為中心，每個動作都會有效重訓腹側肌群，所以剛開始或許會因為不習慣而覺得困難，但有耐心地持之以恆，肯定會有明顯的成果。

中級者篇的組合餐做法與初學者．初級者篇不同，一種動作要連續做3回合之後才休息90秒，然後第2個動作也是3回合之後再休息90秒，依續這樣的流程。

1	扭轉側邊彎	▶×20次	▶×3回合	▶休息90秒	▶下個動作
2	側邊肘膝碰	▶×24次	▶×3回合	▶休息90秒	▶下個動作
3	側臥肘膝碰	▶×24次	▶×3回合	▶休息90秒	▶下個動作
4	側邊仰臥起坐	▶×24次	▶×3回合	▶休息90秒	▶下個動作
5	側邊提腿	▶×24次	▶×3回合	▶休息90秒	▶下個動作
6	平衡娃娃	▶×20次	▶×3回合		

SECTION 1

單手握啞鈴，扭轉身體，往前往後傾

訓練重點

固定腰部，意識腹側肌群收縮的訓練。

1 起始姿勢的準備

單手握啞鈴開腳站。

2 起始姿勢

另一隻空著的手置於腦後，腰部以上的上半身往握啞鈴那隻手的方向扭轉90度。這就是起始姿勢。

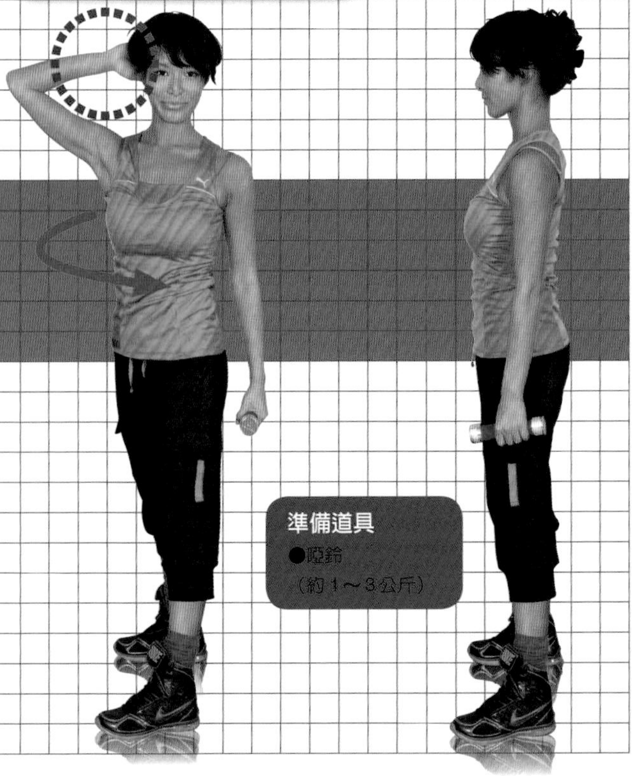

準備道具

●啞鈴（約1～3公斤）

鍛鍊部位！

●腹側肌群

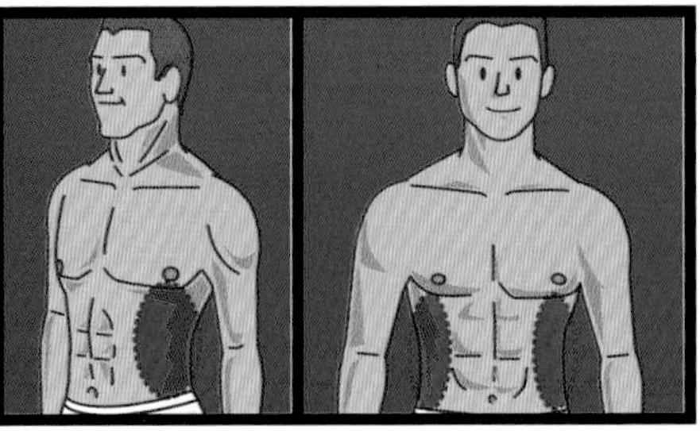

次數

●單邊各10次（單邊連續10次後再換邊）

節奏與動作

●1.2.3身體向前傾
●4.5.6起身
●7.8.9身體向後傾
●10.11.12起身

呼吸

●1.2.3➡吐氣
●4.5.6➡吸氣
●7.8.9➡吐氣
●10.11.12➡吸氣

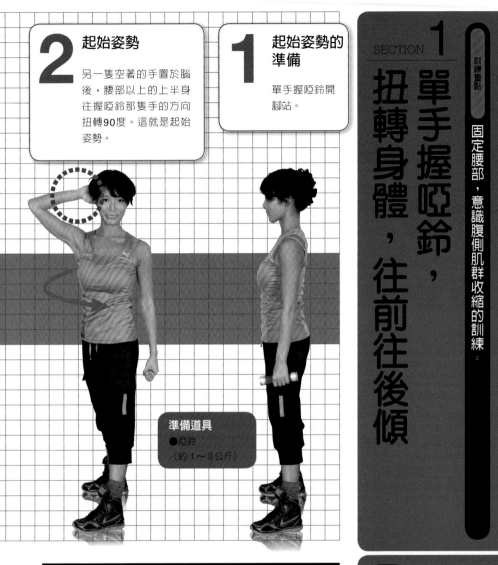

3 邊吐氣邊向前傾

邊吐氣數到3，邊向前（握啞鈴的另外一側）傾。

4 邊吐氣邊向後傾

邊吸氣數到3，邊起身回復起始姿勢。然後再邊吐氣數到3，邊向後（握啞鈴那一側）傾。

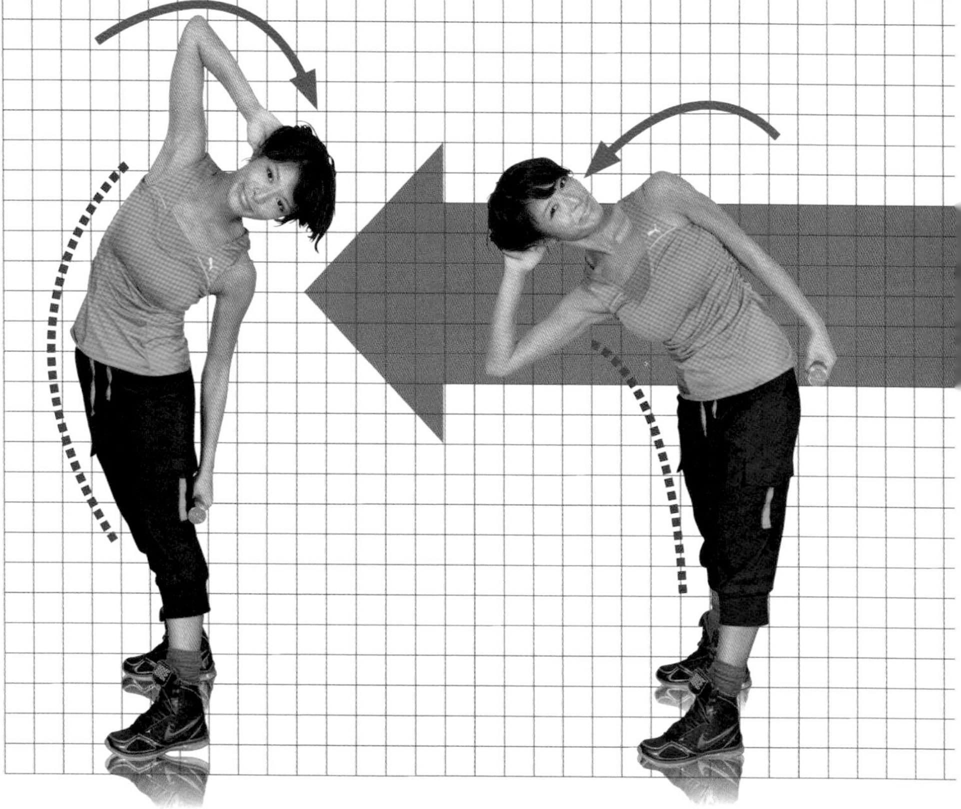

POINT

胸口以上的部位也要一起傾斜

傾斜身體時，胸口以上的部位也要跟著一起傾斜。

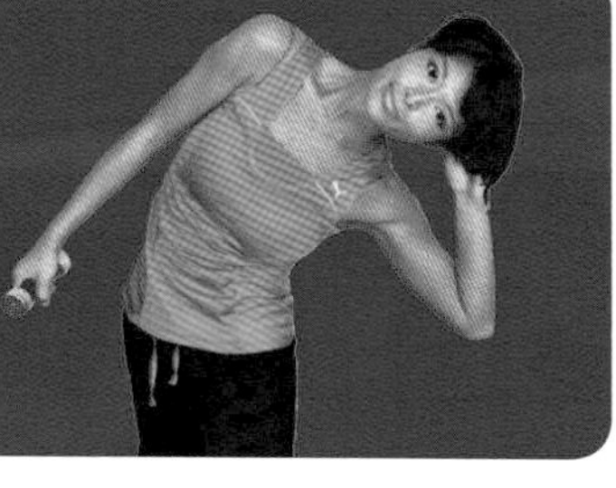

SECTION 2

採趴姿，伸長單邊手腳，在身體側邊肘膝互碰

訓練重點

保持平衡狀態下，鍛鍊單邊腹側肌群與背部肌肉。

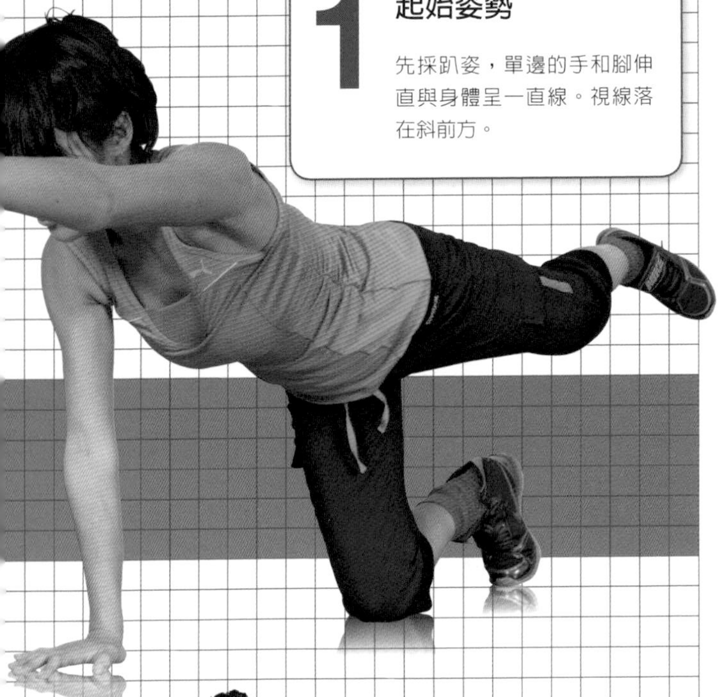

1 起始姿勢

先採趴姿，單邊的手和腳伸直與身體呈一直線。視線落在斜前方。

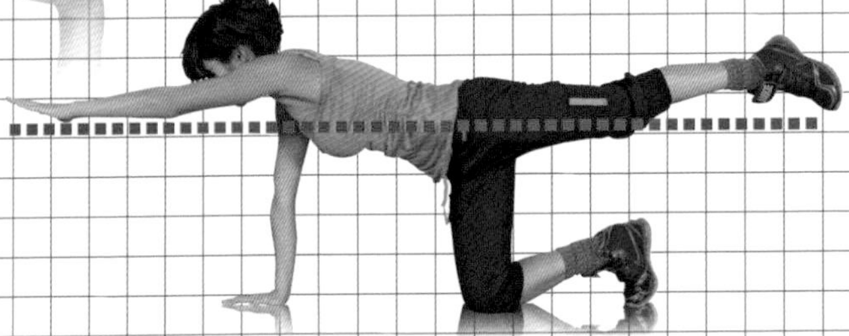

次數

● 單邊各12次

節奏與動作

● 1．2．3 肘膝互碰
● 4．5．6 回復原狀

呼吸

● 1．2．3 ➡吐氣
● 4．5．6 ➡吸氣

鍛鍊部位！

● 背部肌肉
● 腹側肌群

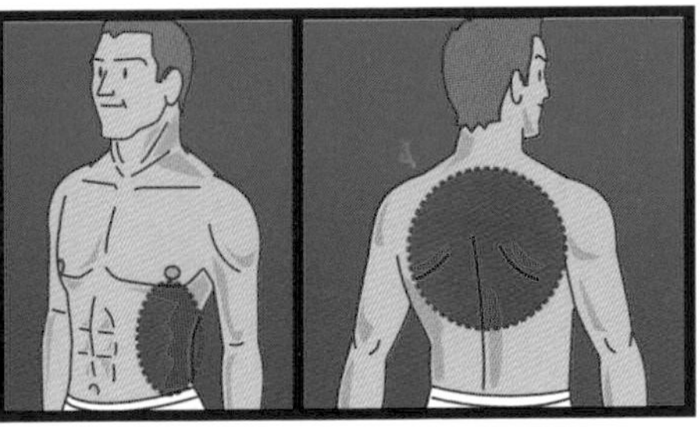

2 膝蓋與手肘互碰

邊吐氣數到3，邊將手肘與膝蓋伸至側邊互碰，然後再邊吸氣數到3，邊回復起始姿勢。手和腳要保持同一高度。

STEP UP↗

試著在瑜珈柱上做做看！

挑戰在瑜珈柱上只移動腳部。

俯趴在瑜珈柱上，雙手雙腳伸直，視線落在斜前方。

邊吐氣數到3，邊將單腳移到身體側邊，要注意彎曲的腳不落地。然後再邊吸氣，邊將腳回復原狀。

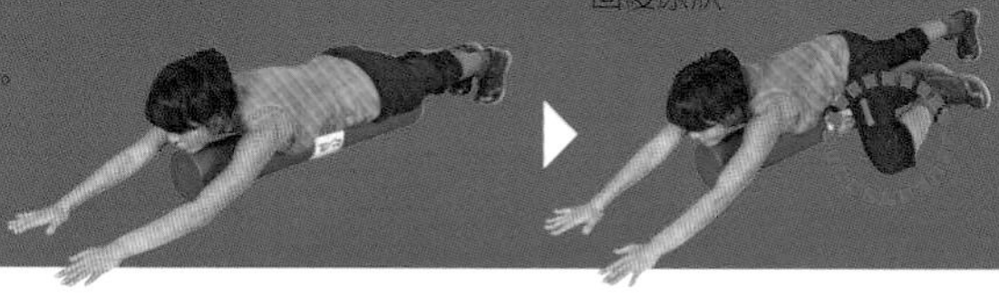

SECTION 3

側臥，將腳往身體側面上方提舉。

訓練重點

腳部以外的部分固定不動，集中重訓側腹下半部。

1 起始姿勢

先側臥，用下方手肘撐起上半身，讓身體呈「く」型。上方的手則屈肘置於腦後。

鍛鍊部位！

●側腹下半部

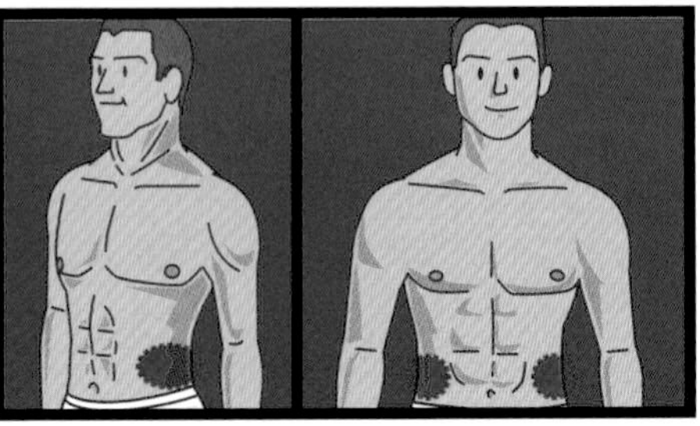

次數

●單邊各12次

節奏與動作

●1.2.3提舉大腿
●4.5.6回復原狀

呼吸

●1.2.3→吐氣
●4.5.6→吸氣

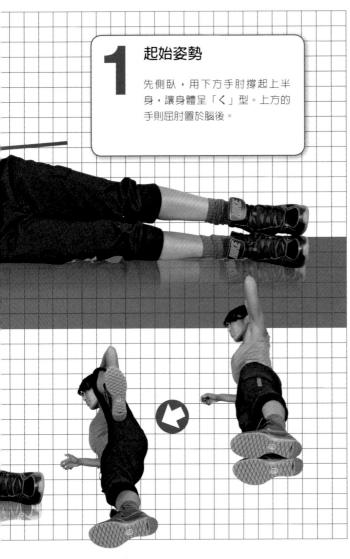

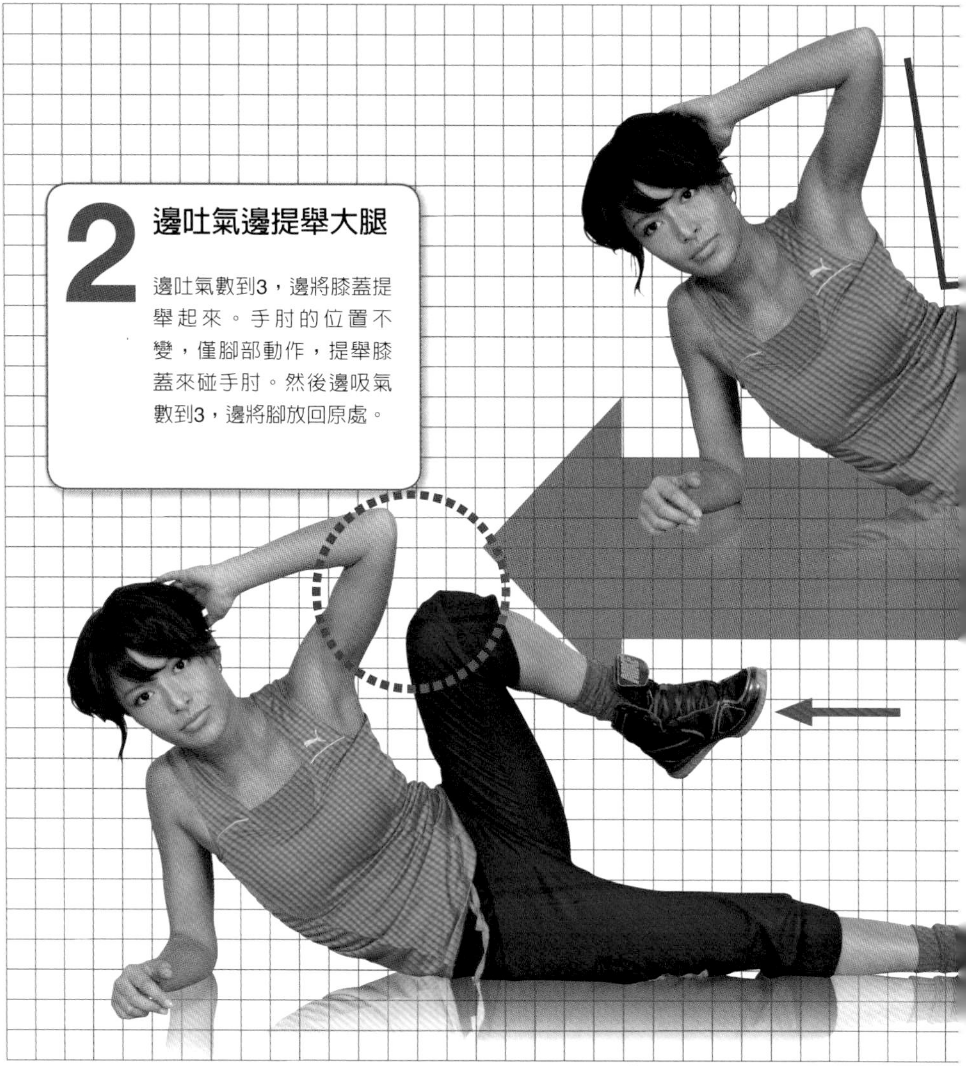

2 邊吐氣邊提舉大腿

邊吐氣數到3，邊將膝蓋提舉起來。手肘的位置不變，僅腳部動作，提舉膝蓋來碰手肘。然後邊吸氣數到3，邊將腳放回原處。

POINT

腳必須往身體側面上方提舉

要注意腳並非往身體前方而是往身體側面上方提舉。腳尖往上的話，就容易帶動腳往側面上方提。

SECTION 4

側臥，收縮側腹用力撐起上半身

訓練重點

讓腹側肌群收縮至極限，集中鍛鍊。

1 起始姿勢

先側臥，用下方手肘撐起上半身，讓身體呈「く」型。上方的手則屈肘置於腦後。

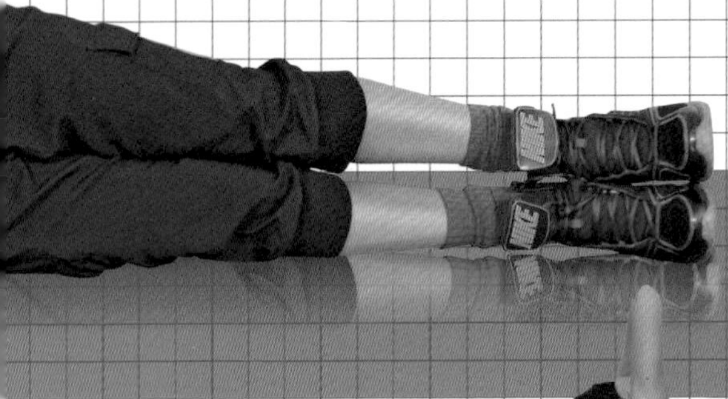

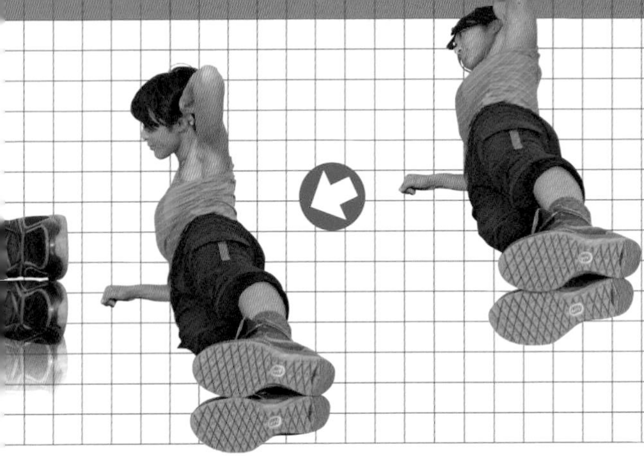

鍛鍊部位！

●腹側肌群

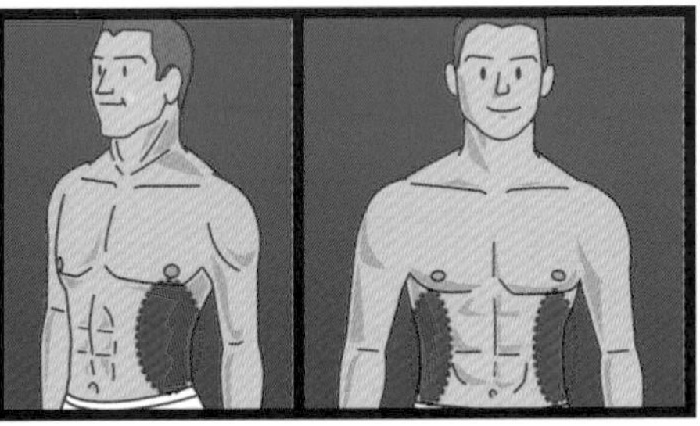

次數

●單邊各12次

節奏與動作

●1．2．3抬起上半身

●4．5．6回復原狀

呼吸

●1．2．3➡吐氣

●4．5．6➡吸氣

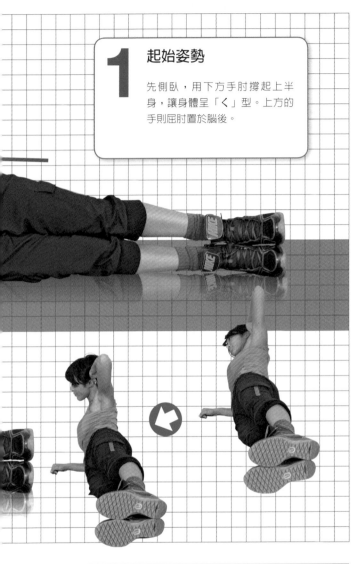

2 邊吐氣邊抬起上半身

邊吐氣數到3，邊收縮側腹用力抬起上半身。抬到極限後，再邊吸氣數到3回復起始姿勢。

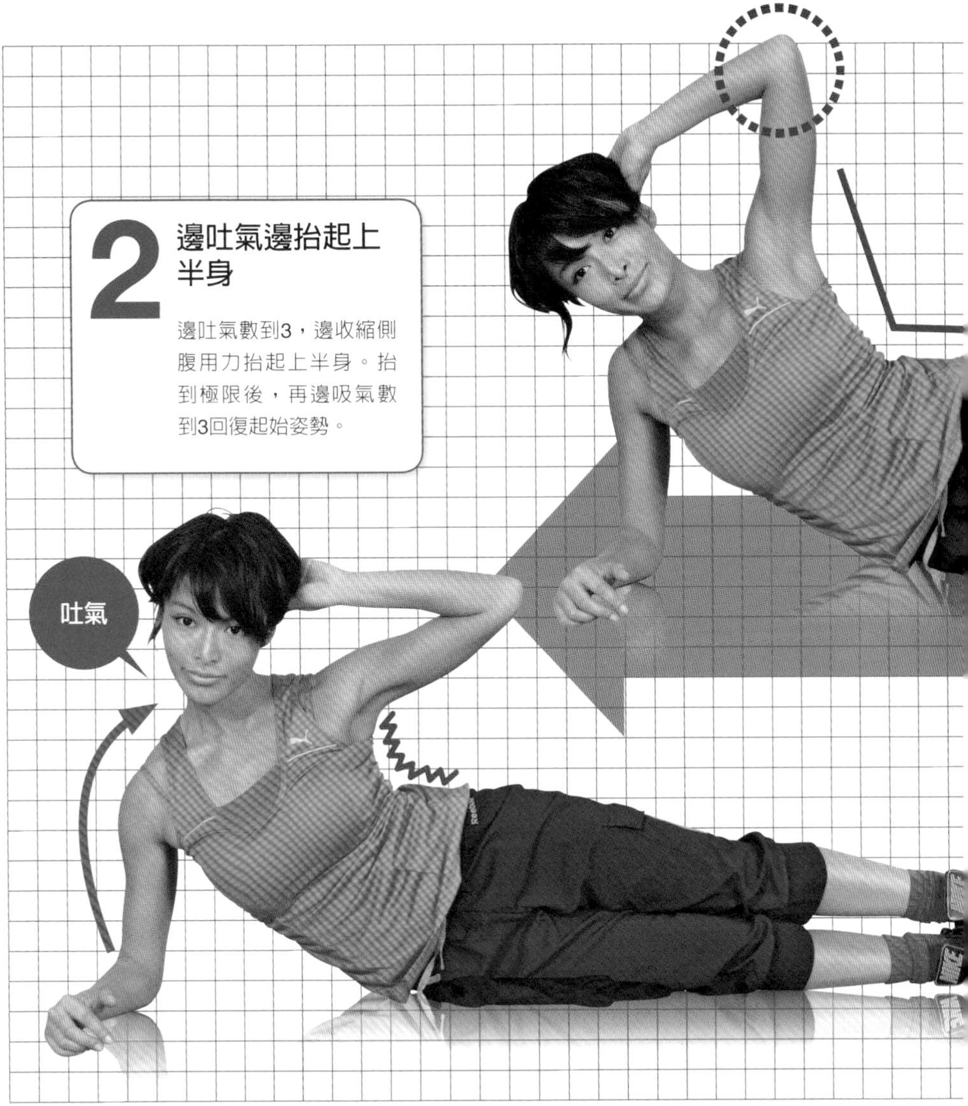

POINT

腰部下壓，抬起上半身

抬起上半身時，要意識腰部是往地面下壓。如此一來，才能有效使用腹側肌群。

SECTION 5

仰躺，身體側邊肘膝互碰

訓練重點

針對分布左右兩邊的腹側肌群，逐一集中重量訓練。

1 起始姿勢

仰躺，兩手置於腦後，雙肘打開。

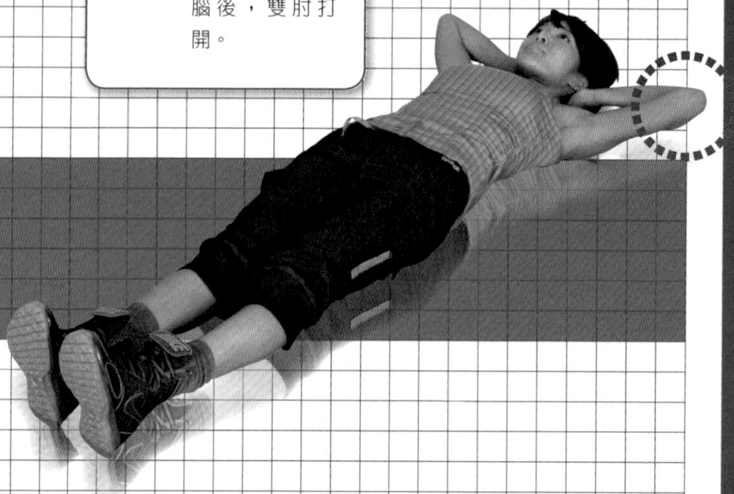

鍛鍊部位！

- 整塊腹肌（單邊）
- 腹側肌群

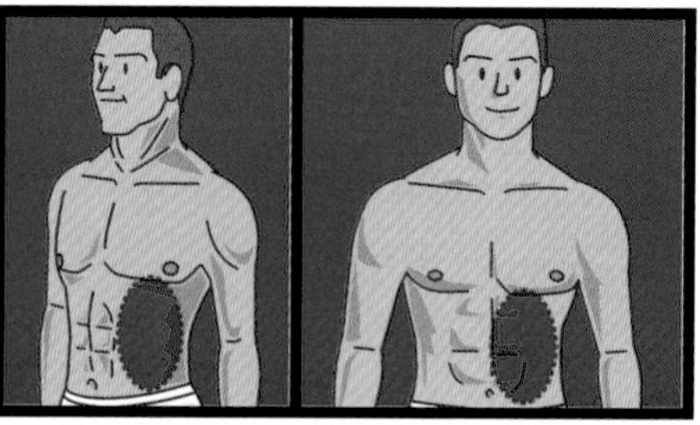

次數

- 24次（單邊算一次，左右邊交換）

節奏與動作

- 1、2、3肘膝互碰
- 4、5、6回復原狀

呼吸

- 1、2、3➡吐氣
- 4、5、6➡吸氣

2 在身體側邊，肘膝互碰

邊吐氣數到3，邊收縮腹側肌群讓單邊的肘膝在身體側邊互碰，然後再邊吸氣數到3，邊回復起始姿勢。

3 左右交換，來回24次

右邊互碰完換左邊，左右交換共24次。

STEP UP↗

試著在瑜珈柱上做做看！

仰躺瑜珈柱上，身體上方肘膝互碰。

仰躺在瑜珈柱上，膝蓋彎曲呈90度，雙肘置於頭兩側，也彎曲呈90度。

邊吐氣數到3，邊收縮腹肌讓同側的肘膝在身體上方互碰。

SECTION 6

跪坐，雙手張開，收縮側腹左右傾倒。

訓練重點

雙手張開，較容易收縮側腹部的肌肉。

1 起始姿勢

跪坐，然後雙手張開與肩膀呈一直線。

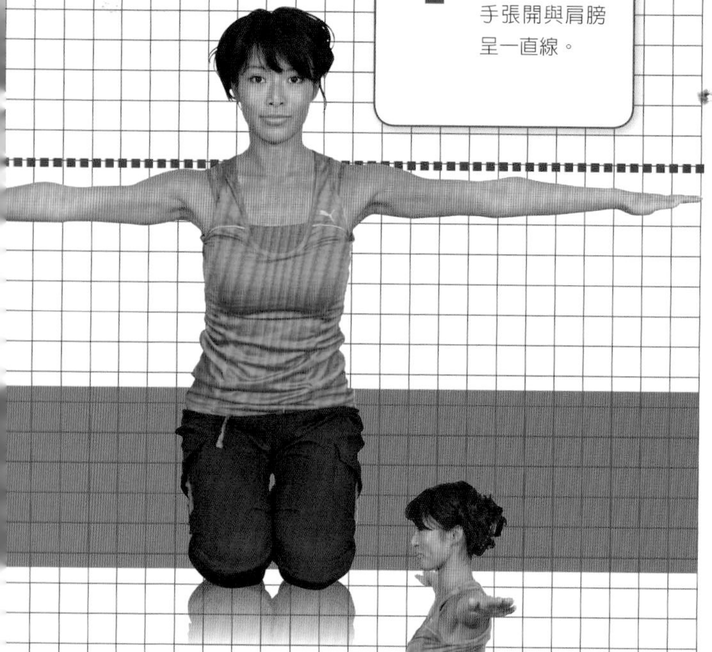

鍛鍊部位！

●腹側肌群

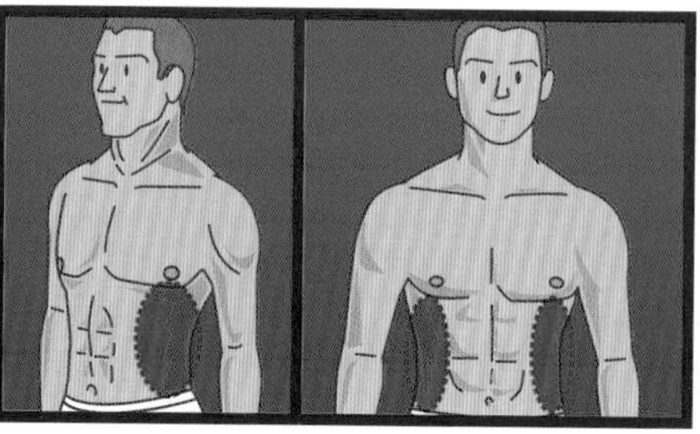

次數

●20次（單邊算一次，左右邊交換）

節奏與動作

●1.2.3傾斜
●4.5.6回復原狀

呼吸

●1.2.3➡吐氣
●4.5.6➡吸氣

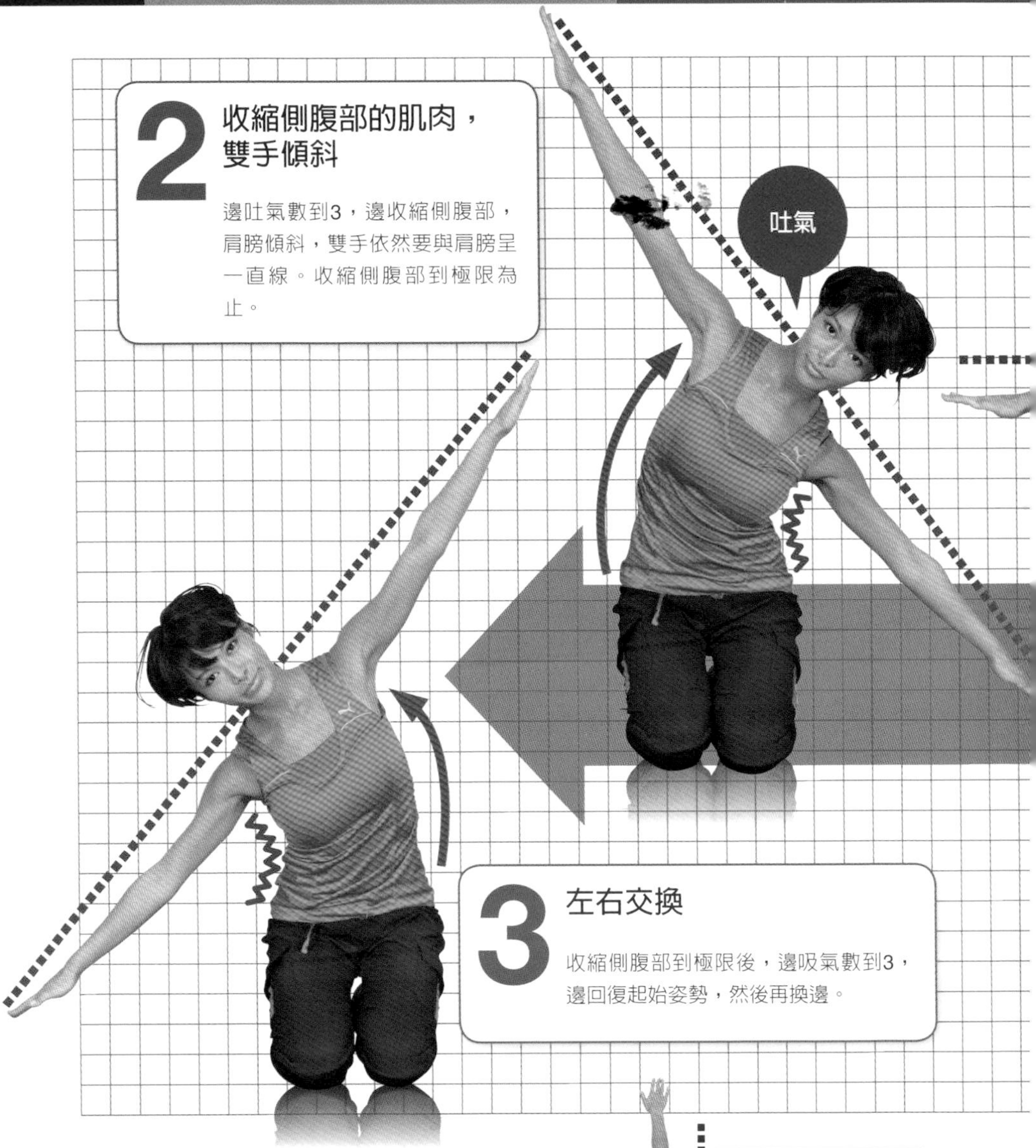

2 收縮側腹部的肌肉，雙手傾斜

邊吐氣數到3，邊收縮側腹部，肩膀傾斜，雙手依然要與肩膀呈一直線。收縮側腹部到極限為止。

3 左右交換

收縮側腹部到極限後，邊吸氣數到3，邊回復起始姿勢，然後再換邊。

POINT

身體不可前後倒

身體不可前後倒，也不可以駝背，從腰部到頭的直線要保持與雙腳垂直，然後再向左右傾斜。

高級者篇 *expert level*

扭轉訓練

所需時間 40分

以身體的扭轉動作為主題，纖細腰部的肌肉訓練

這一個組訓練課程是針對已逐漸習慣腹肌運動且訓練有一段時間的人。可以有效訓練腹內・外斜肌。

意識以身體為中心的扭轉

高級者篇的訓練組合餐，主要是著重在身體的扭轉。

在此將介紹同時扭轉上半身與下半身的動作。

平常生活中，我們較少會使用這樣的姿勢，所以可以藉由這樣的訓練組合餐好好地鍛鍊一下。

主要的訓練重點是腹側肌群。有斜向的肌肉，也有可以纖細腰部的肌肉。

在扭轉身體時，要意識身體裡面有個貫穿的軸心，要以脊柱為軸心來扭轉身體。

高級者篇的組合餐做法與中級者篇相同，一種動作要連續做3回合之後才休息90秒，然後第2個動作也是3回合之後再休息90秒，依續這樣的流程。

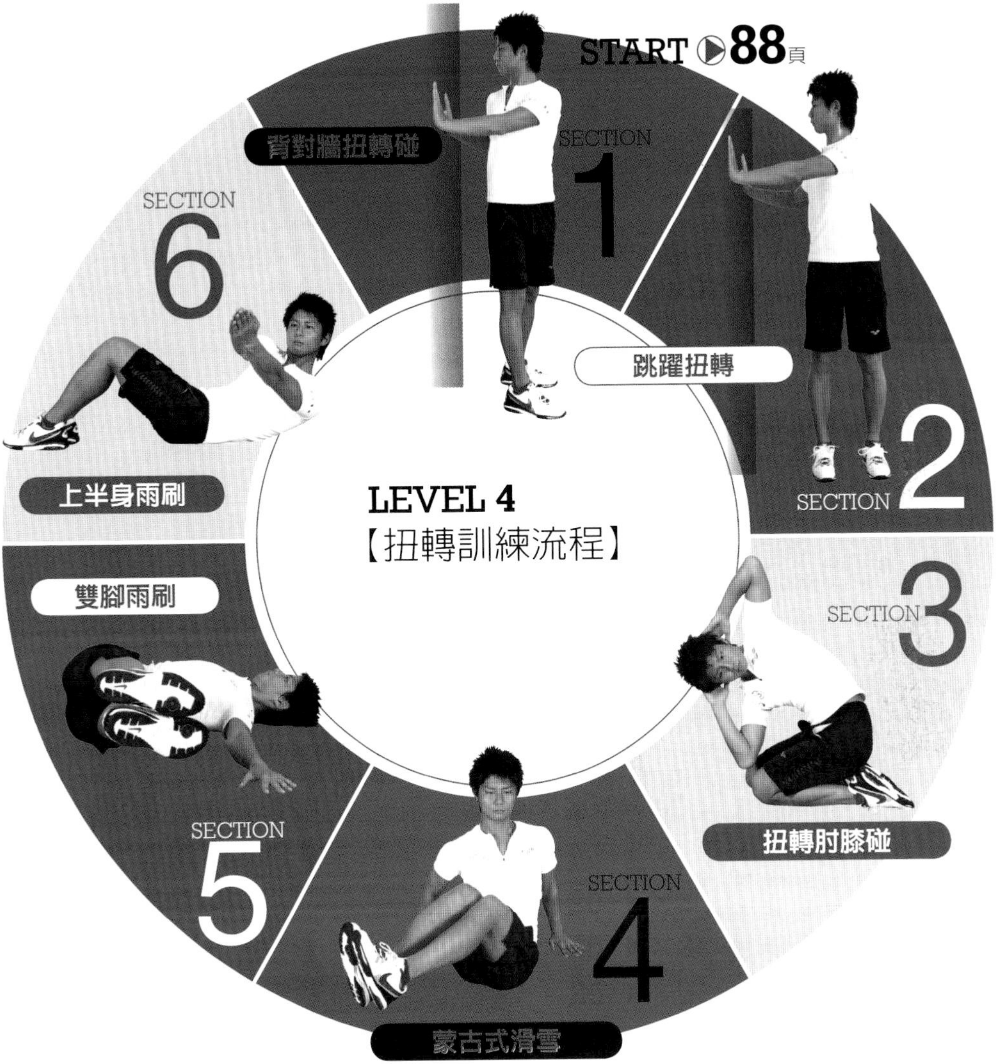

1	背對牆扭轉碰	▶×20次	▶×3回合	▶休息90秒	▶下個動作
2	跳躍扭轉	▶×20次	▶×3回合	▶休息90秒	▶下個動作
3	扭轉肘膝碰	▶×20次	▶×3回合	▶休息90秒	▶下個動作
4	蒙古式滑雪	▶×20次	▶×3回合	▶休息90秒	▶下個動作
5	雙腳雨刷	▶×20次	▶×3回合	▶休息90秒	▶下個動作
6	上半身雨刷	▶×20次	▶×3回合		

SECTION 1

站姿，左右扭轉上半身。

訓練重點

使用肩胛骨扭轉身體，雕塑大範圍的腹肌。

1 起始姿勢

背對牆壁站立，離牆30公分。手肘彎曲90度，高度約在胸前。

2 扭轉身體

邊吐氣邊扭轉上半身。膝蓋方向盡可能不要改變。

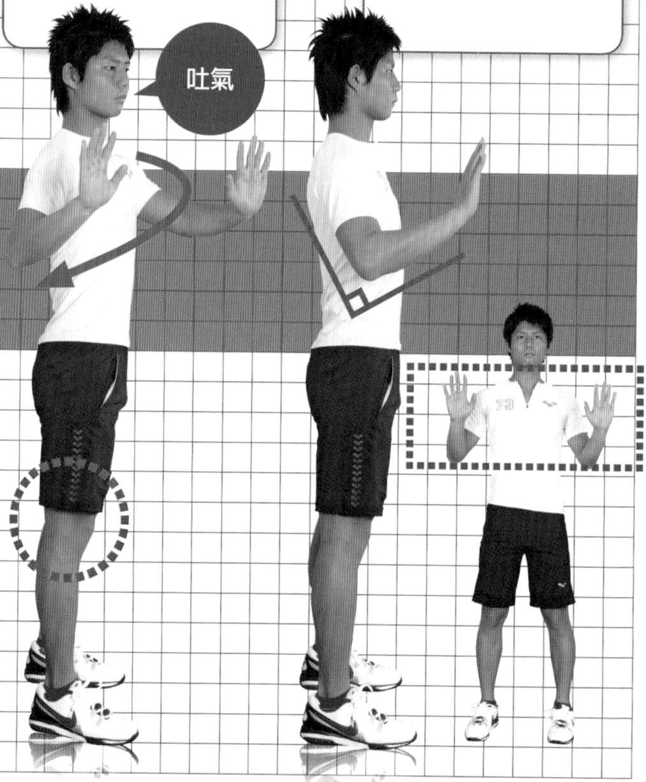

鍛鍊部位！

●腹側肌群

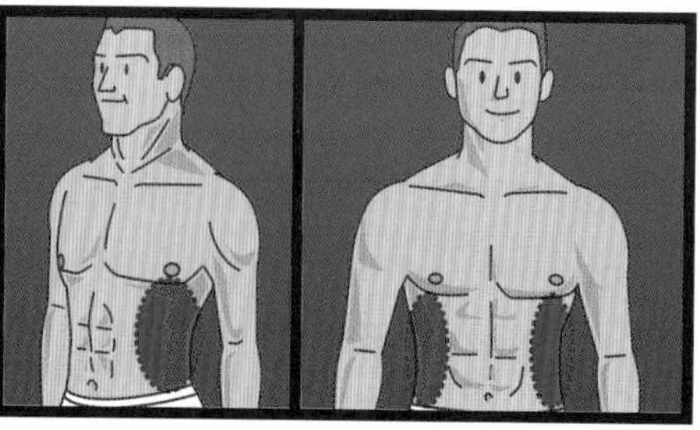

次數

●20次（單邊算一次，左右邊交換）

節奏與動作

● 1．2．3 轉體摸牆壁
● 4．5．6 回復原狀

呼吸

● 1．2．3 ➡吐氣
● 4．5．6 ➡吸氣

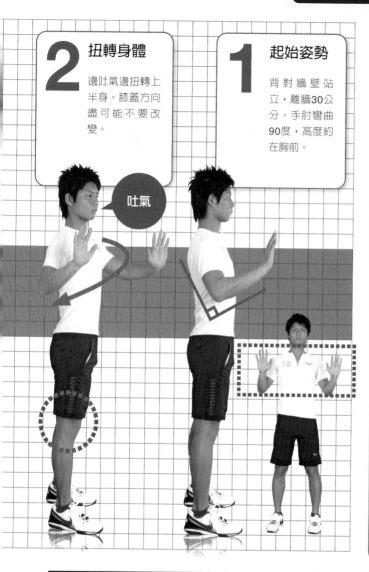

3 雙手碰牆

邊數到3邊轉身，雙手碰到牆。

4 邊吸氣邊回到起始姿勢

邊吸氣數到3，邊回復起始姿勢。然後再換邊重複相同動作。

NG姿勢 彎腰，膝蓋打橫

彎腰或膝蓋打橫，都會使鍛鍊腹側肌群的效果減小，所以這點要特別留意。

GOOD姿勢 身體呈一直線，膝蓋朝前

膝蓋的方向盡可能不改變，身體站直，僅上半身扭轉摸牆。

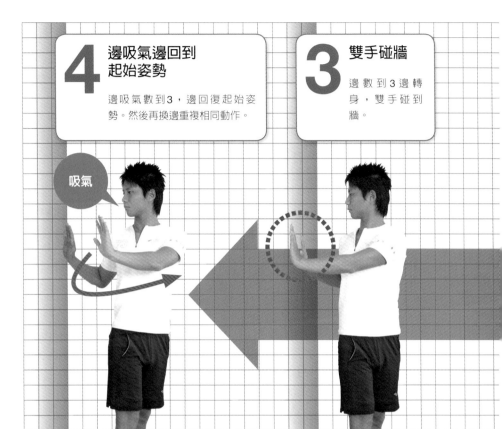

SECTION 2

雙手扶牆跳躍，下半身180度扭轉。

訓練重點

骨盆快速旋轉，雕塑大範圍的腹肌。

1 起始姿勢

雙手扶牆，胸口以上的部位盡可能正對牆，骨盆扭轉90度，下半身朝向側邊。

鍛鍊部位！

●腹側肌群

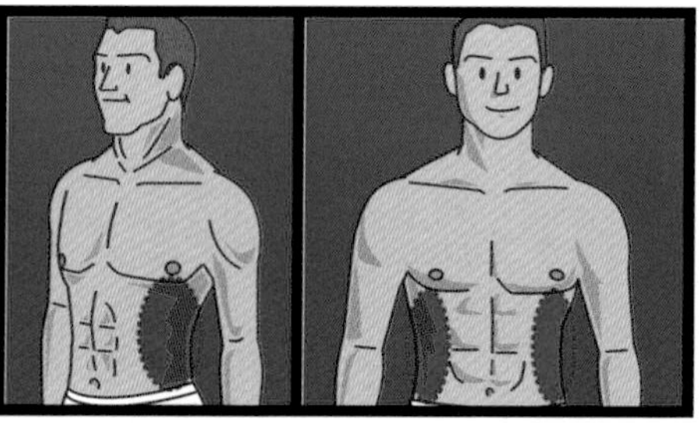

次數

●20次（單邊算一次，左右邊交換）

節奏與動作

● 1 跳躍扭轉
● 1 跳躍反方向扭轉

呼吸

●著地→吐氣
●跳躍→吸氣

3 著地

朝著與起始姿勢相反的方向著地，動作完成算一次。著地的同時吐氣，跳躍的時候吸氣，有節奏地重複這個動作。

2 跳躍扭轉骨盆

雙手扶牆不放，然後跳躍，扭轉下半身180度。要意識利用腹肌的力量，讓骨盆順暢地扭轉過去。

NG姿勢 彎腰

若彎腰，骨盆的扭轉角度就會變小。視線朝下，腰部就容易彎曲，所以要隨時留意自己的視線。

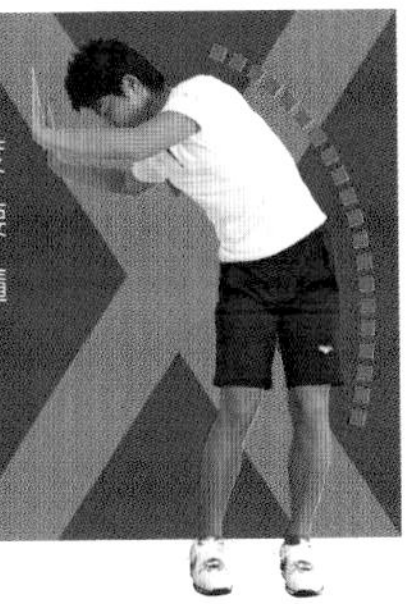

GOOD姿勢 身體為軸

上半身和下半身要猶如一條軸心貫穿般，身體要挺直。

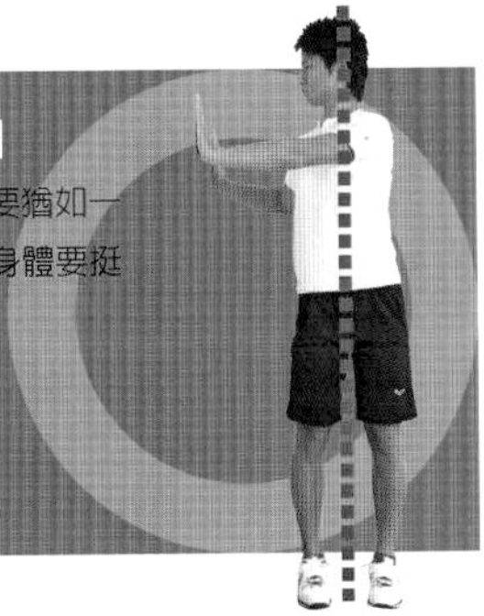

SECTION 3

跪立姿勢，扭轉身體肘膝碰。

訓練重點

髖關節的動作越大，使用到的肌肉就越多。

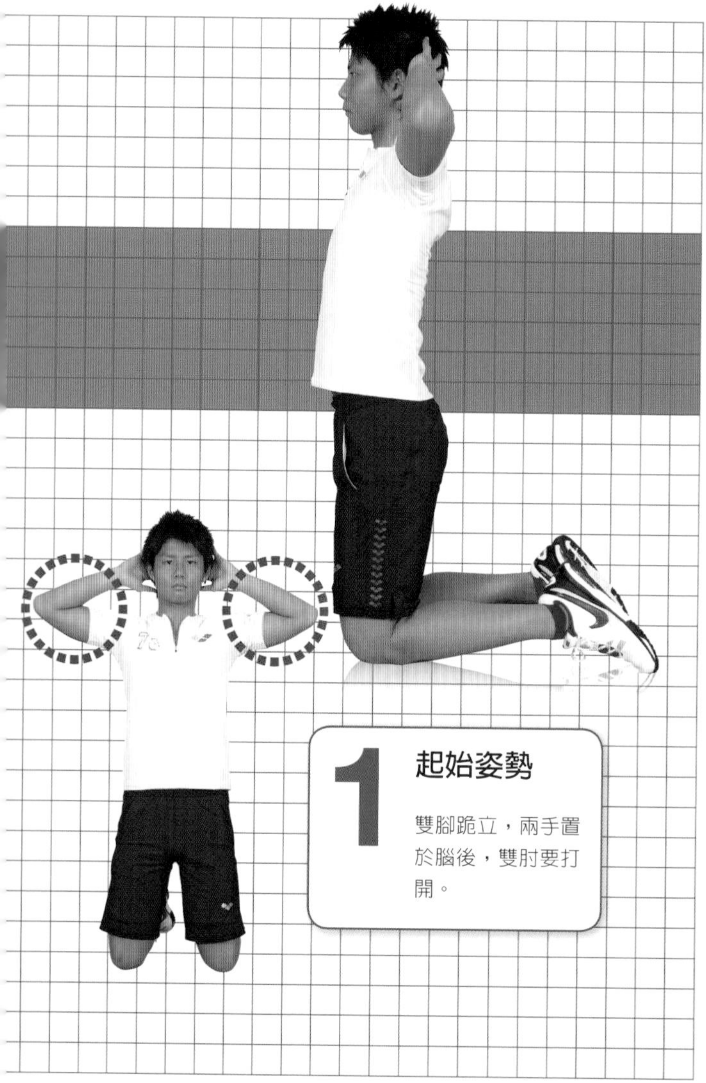

1 起始姿勢

雙腳跪立，兩手置於腦後，雙肘要打開。

鍛鍊部位！

●腹側肌群

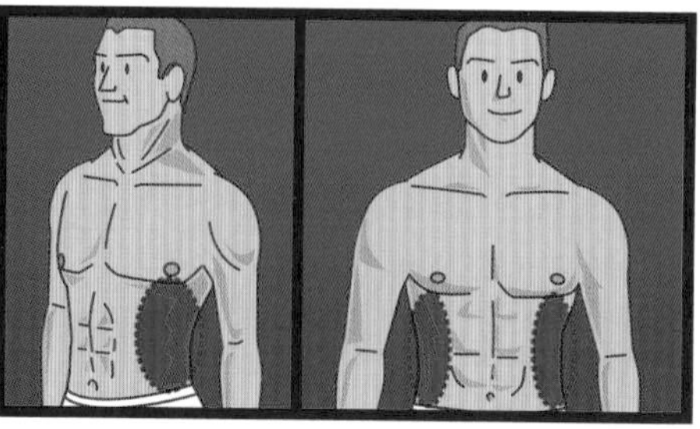

次數

●20次（單邊算一次，左右邊交換）

節奏與動作

●1.2.3 肘膝碰

●4.5.6 回復原狀

呼吸

●1.2.3➡吐氣

●4.5.6➡吸氣

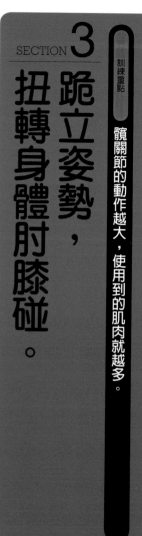

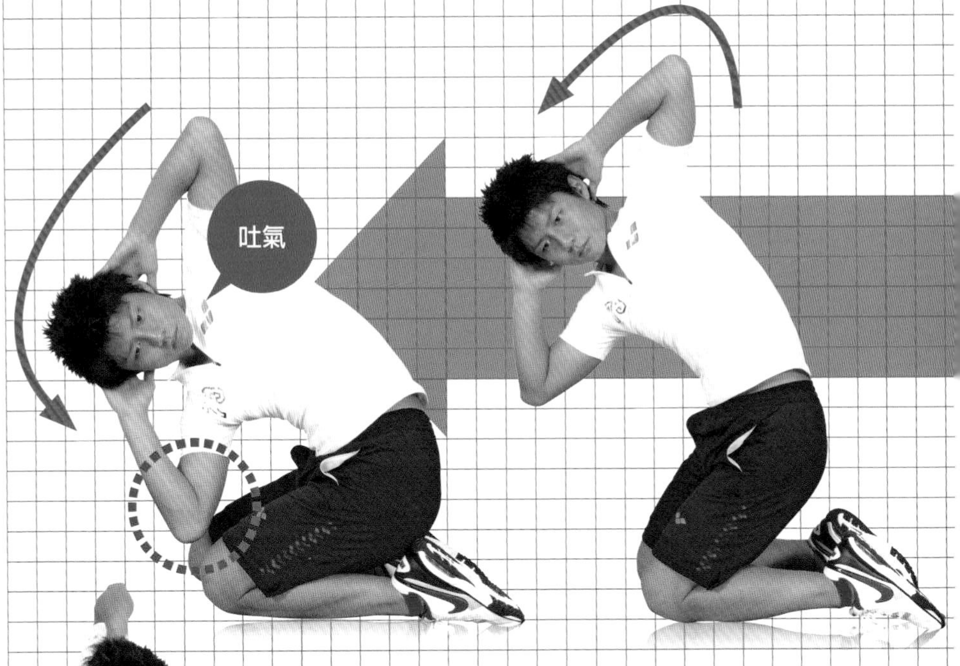

2 扭轉身體

邊扭轉身體，邊像行禮般低下身，對角線的肘膝互碰。手肘要保持張開。

3 手肘膝蓋互碰

邊吐氣數到3，邊扭轉身體，手肘和對側膝蓋互碰，然後再邊吸氣數到3，回復起始姿勢。

STEP UP↗

試著在瑜珈柱上做做看！

在瑜珈柱上做超人飛行訓練

俯趴在瑜珈柱上，兩手伸直像超人的姿勢，視線看正下方，而不是前方。

▶ 邊吐氣數到3，使用背部和側腹部的肌肉朝側邊抬起上半身。

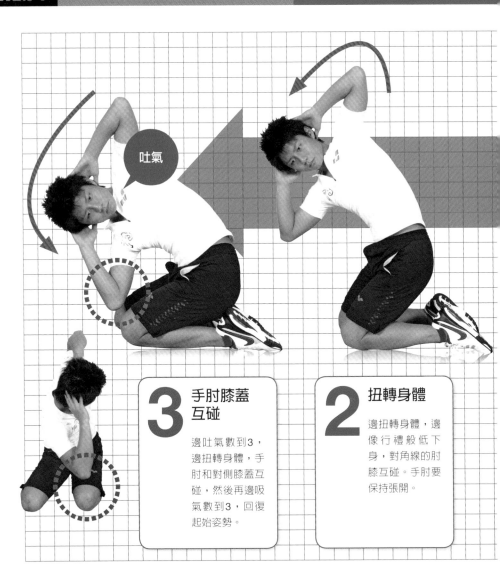

SECTION 4

彎曲膝蓋，雙腳浮在空中，小腿有節奏地左右擺動。

訓練重點

藉由擺動雙腳，活絡髖關節的深層肌群。

1 起始姿勢

雙手置於後，撐住上半身，輕輕彎曲膝蓋浮在空中，僅臀部和雙手著地，髖關節約呈90度角。

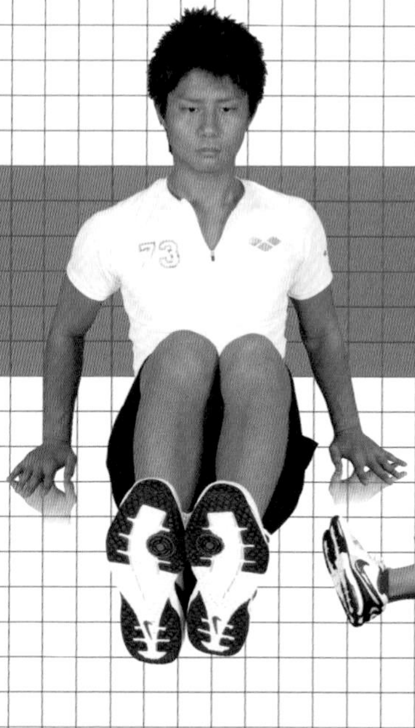

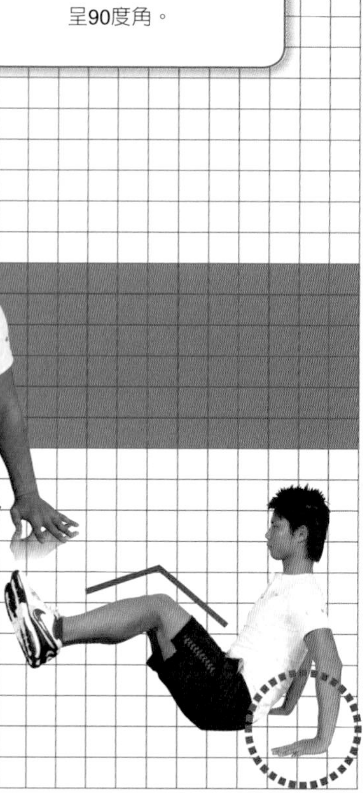

次數

- 20次（單邊算一次，左右邊交換）

節奏與動作

- 1 擺動小腿
- 1 往反方向擺動

呼吸

- 1→吐氣
- 1與1之間→吸氣

鍛鍊部位！

- 腹側肌群

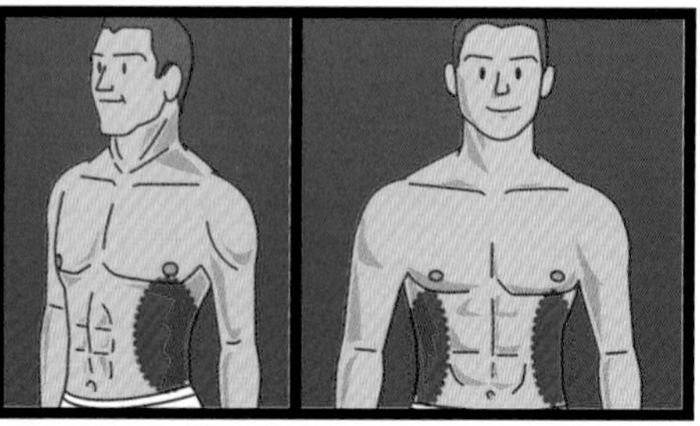

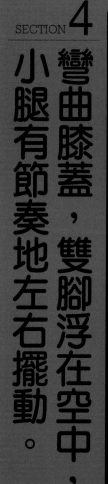

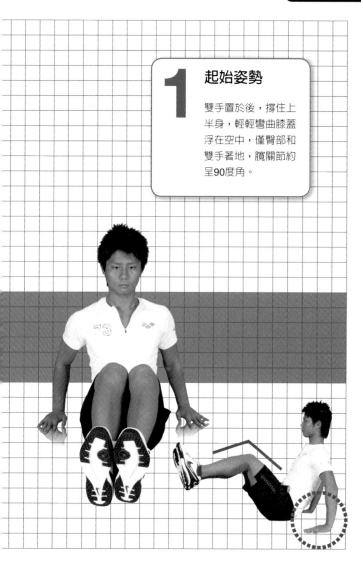

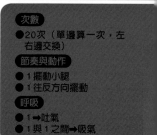

2 擺動小腿

如同自由滑雪競賽中蒙古式滑雪的姿勢，膝蓋的位置盡可能不變，僅擺動小腿的部分。單邊算擺動一次。擺動小腿時要吐氣。

3 節奏感

擺動小腿時不要停頓，1．1．1…要擺動得有節奏感。若可以特別留意僅擺動時吐氣的話，就可以下意識地在擺動與擺動之間自動吸氣。

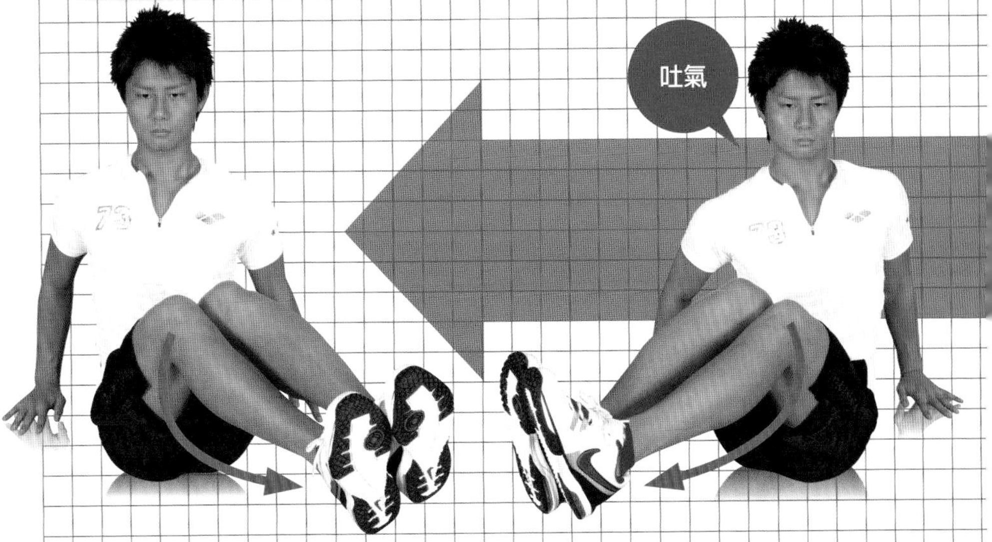

NG姿勢 膝蓋左右擺動是錯誤的

膝蓋左右搖晃是不正確的姿勢。膝蓋要保持在身體的正前方，僅膝蓋以下的小腿左右擺動就好了。

SECTION 5

仰躺，雙腳向上抬舉，如雨刷般左右擺動

訓練重點

雙腳用力，鍛鍊腹側肌群。

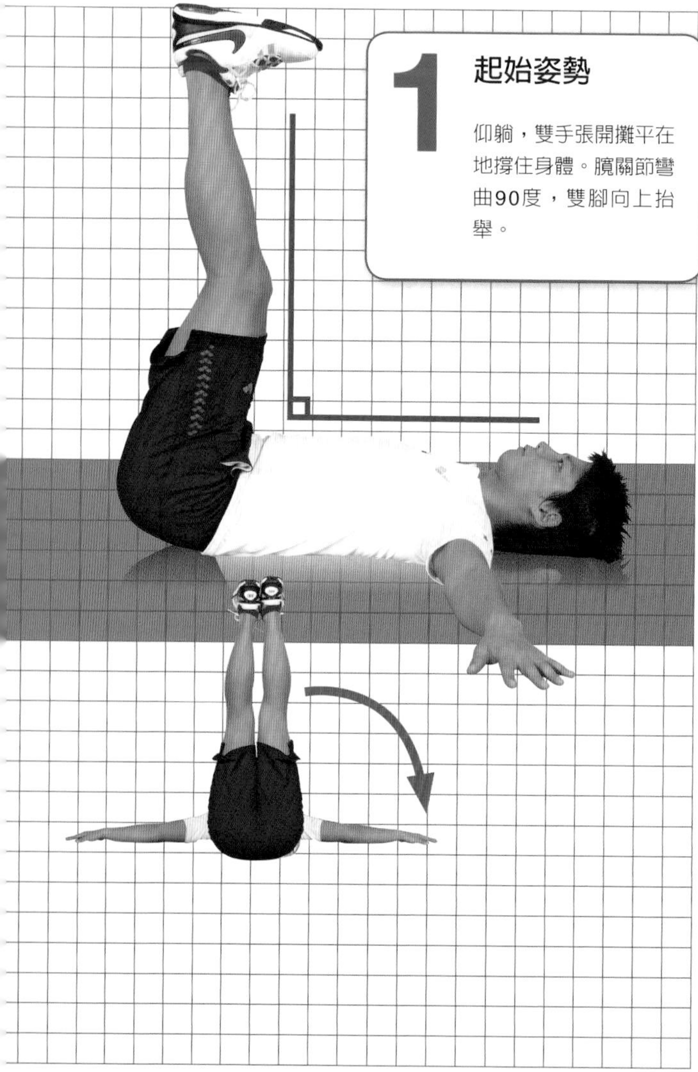

1 起始姿勢

仰躺，雙手張開攤平在地撐住身體。臏關節彎曲90度，雙腳向上抬舉。

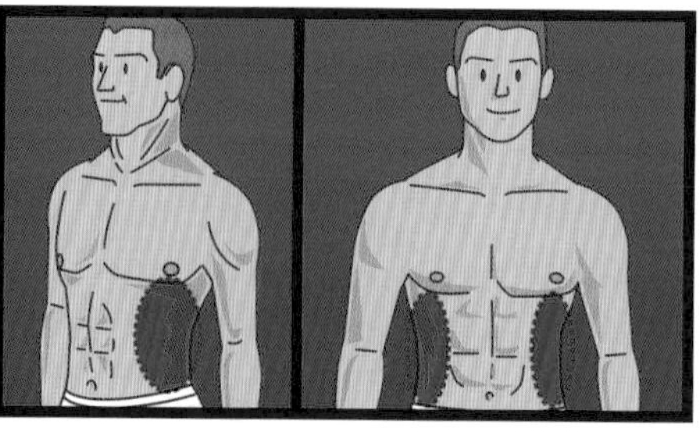

鍛鍊部位！

●腹側肌群

次數

●20次（單邊算一次，左右邊交換）

節奏與動作

●1.2.3.4.5 雙腳向側邊倒
●6.7.8.9.10回復原狀

呼吸

●1.2.3.4.5➡吐氣
●6.7.8.9.10➡吸氣

2 邊吐氣邊往側邊倒

邊吐氣數到5，邊讓雙腳向側邊倒，直到快著地為止。要留意膝蓋不可彎曲。

3 邊吸氣邊回復原狀

邊吸氣數到5，邊將雙腳回復到起始姿勢，動作完成算一次。然後再換邊倒，就像雨刷一樣左右左右。

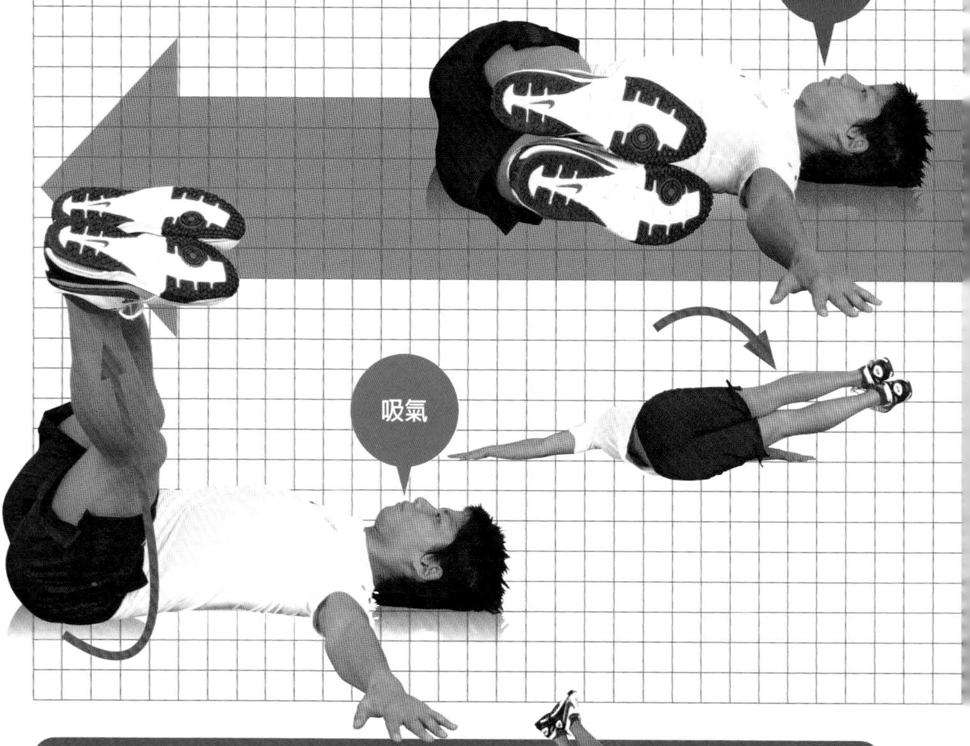

POINT

雙腳傾斜

擺動雙腳時，若試著髖關節不要彎曲到90度的話，不單側腹部，還可以訓練整塊腹肌。

SECTION 6

腹肌用力讓上半身浮在空中，左右扭轉。

訓練重點

加壓腹肌的狀態下，再收縮腹側肌群加倍鍛鍊。

1 起始姿勢

仰躺，膝蓋彎曲呈90度，腹肌用力讓上半身浮在空中，雙手合掌向前伸直。

鍛鍊部位！

●腹側肌群

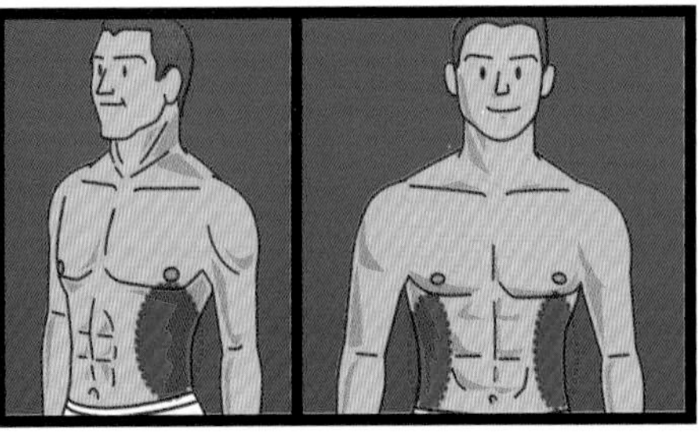

次數

●20次（單邊算一次，左右邊交換）

節奏與動作

● 1．2．3 扭轉
● 4．5．6 回復原狀

呼吸

● 1．2．3➡吐氣
● 4．5．6➡吸氣

2 扭轉上半身

邊吐氣數到3，邊向側邊扭轉身體。以脊柱為軸心，肩膀帶動上半身扭轉。手指和鼻尖要朝相同的方向。

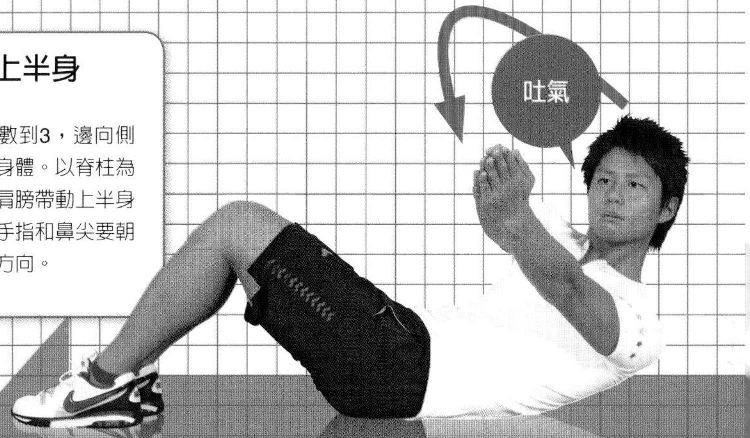

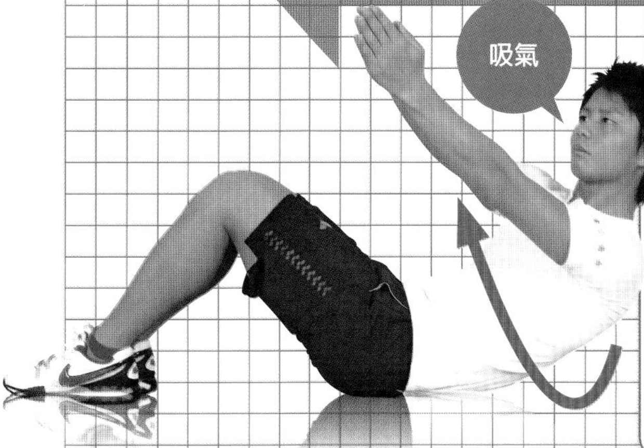

3 邊吸氣邊回復起始姿勢

邊吸氣數到3，邊回復起始姿勢。扭轉一側算一次，然後再往另一側扭轉。

STEP UP↗

試著在瑜珈柱上做做看！

仰躺瑜珈柱上，再加上啞鈴輔助工具，難易度更加提昇！

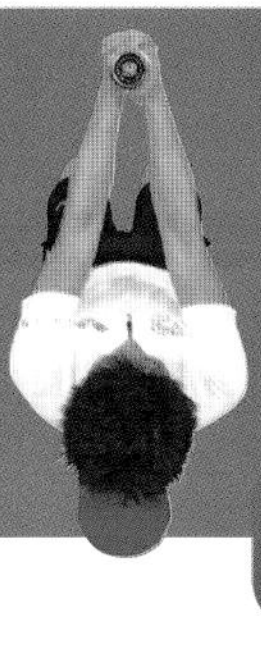

仰躺在瑜珈柱上，雙膝彎曲，兩手向前伸直，緊握啞鈴。

▶

邊吐氣數到3，邊扭轉身體，達到極限後，再邊吸氣數到3邊回復原狀。

準備道具

●啞鈴（約1～5公斤）

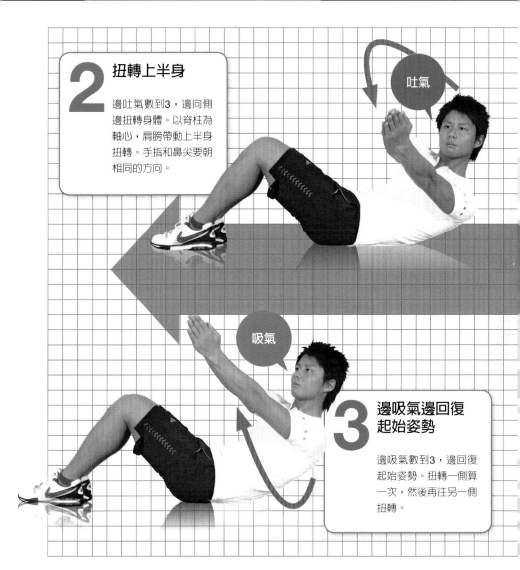

COLUMN 4

依職業類型不同的訓練方式
營業員篇

依職業類型不同的訓練方式第2回，營業員篇。我們所設定的營業員，主要是指長時間在外奔波的業務員。另外，一整天站著工作的店員、服務業者也都包含在內。

從事這些工作的人，血液容易集中在腳部與手部。從心臟流出的血液，因為重力關係，很順暢地就會流往腳尖與指尖，但是，當血液要抗拒重力回流至心臟時，則必須花費相當的力量。當傍晚疲勞累積時，血液無法順利回流心臟，就會一直滯留在手腳末端。一般來說，買鞋要在傍晚買，就是因為這個原理。一到傍晚，血液會集中在腳部，腳的尺寸就會比早上來得大一些。

因此，營業員篇訓練方式的重點就是「去除」。去除積留在手腳的血液，也就是讓血液回流至心臟，讓血液可以在全身順暢的循環。

為了去除，就要讓手腳多甩動。仰躺，將手腳舉高來甩動，會有很不錯的效果。進入訓練之前，務必多做幾次，讓滯留的血液回流心臟，讓手腳補充新鮮的血液，也就容易消除疲勞了。

另外，久站容易導致骨盆前傾。一旦腹肌疲勞，腹肌疏於工作，就容易變成重心在背脊的姿勢。因此平常就要緊縮腹肌，保持正確的骨盆姿勢。

PART 5

集中訓練
局部瘦

即便小腹微凸也有不同類型。
若是您特別在意下腹部、側腹部的贅肉，
在此將為你準備專屬的瘦身組合餐。
另外，對於進一步想要鍛鍊成倒三角形身材的人，
想要燃燒脂肪的人，
這更是一套可以持續進行下去的超級運動組合餐。
為各位特製的塑造理想體型的鍛鍊餐。

徹底消除惱人的下腹部！篇

所需時間 40分

深層肌群的訓練

鍛鍊身體深處的深層肌肉群

在身體的深處有著肉眼看不見的深層肌群，著實鍛鍊的話，可以達到緊實下腹部的效果。

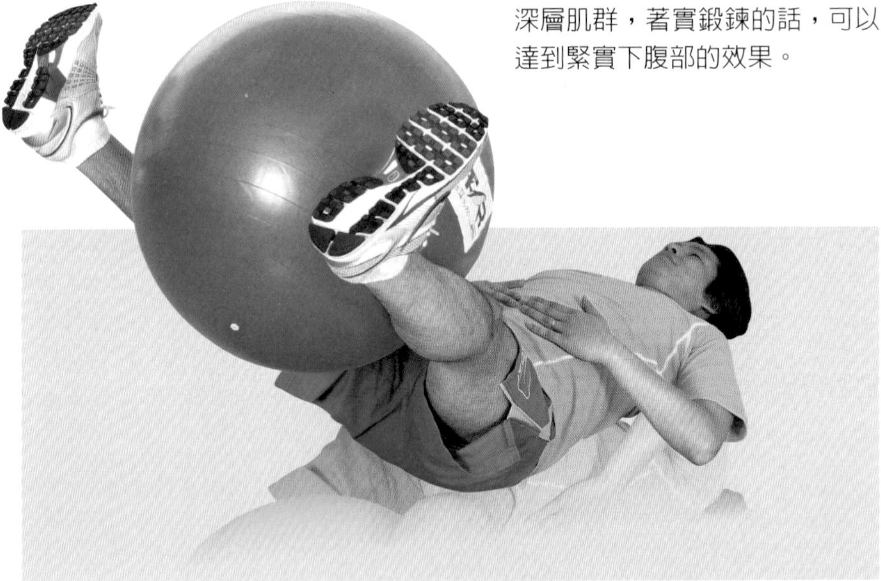

難以意識到的肌肉，再次甦醒

為了徹底消除惱人的凸出下腹，這一部分的重點是深層肌群的鍛鍊。

深層肌群指的不是身體表面看得見的肌肉，而是隱藏在身體裡面看不見的肌肉。

深層肌群無法從表面看得見，即使有意識地想使用也很困難，但實際上深層肌群的主要功用是維持身體的姿勢。

而同時，深層肌群若拉緊腹部的話，也具有不使內臟向前凸出的功效。換言之，只要好好鍛鍊深層肌群，就有希望能夠消除凸出的下腹。

這一部分的鍛鍊和中．高級者篇相同，都是同一個動作連續三回合後再休息90秒。

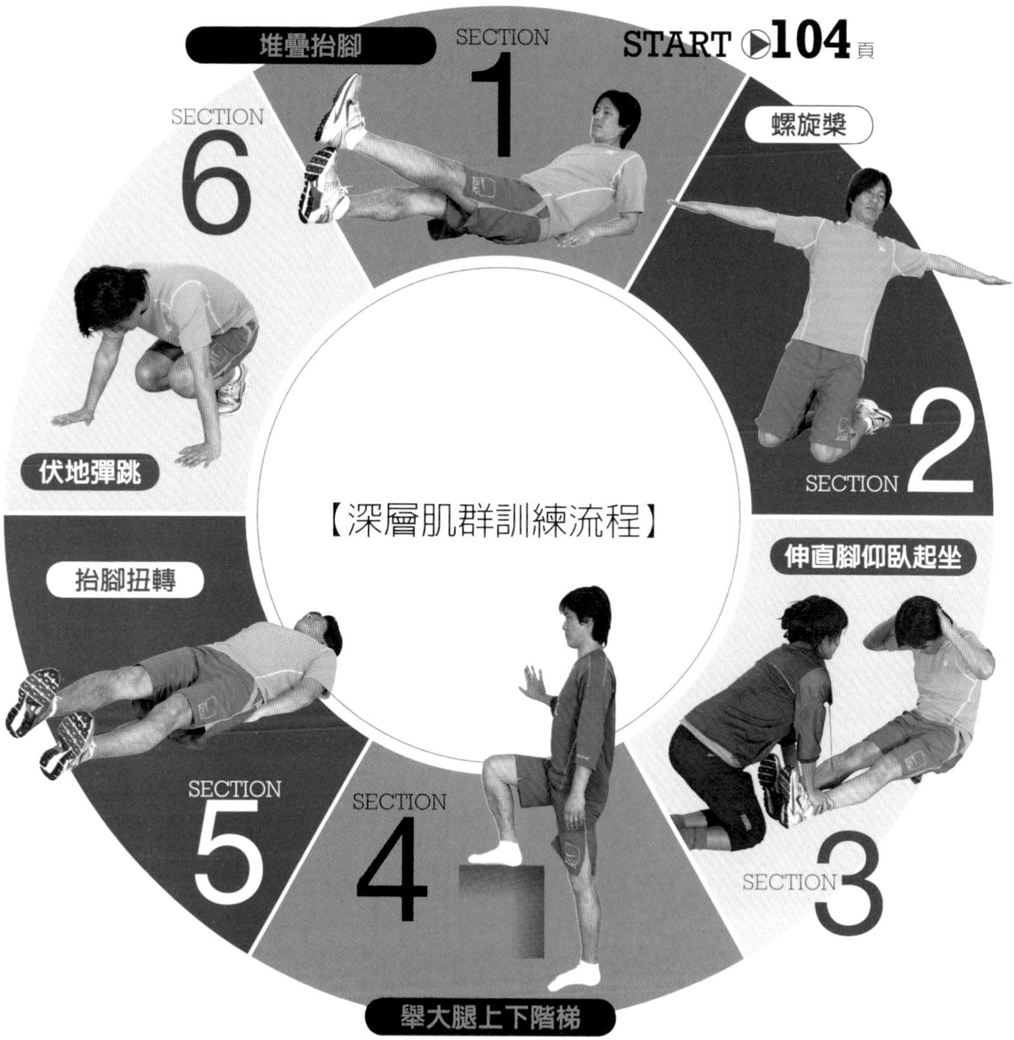

1	堆疊抬腳	×20次	×3回合	休息90秒	下個動作
2	螺旋槳	×20次	×3回合	休息90秒	下個動作
3	伸直腳仰臥起坐	×12次	×3回合	休息90秒	下個動作
4	舉大腿上下階梯	×20次	×3回合	休息90秒	下個動作
5	抬腳扭轉	×12次	×3回合	休息90秒	下個動作
6	伏地彈跳	×20次	×3回合		

SECTION 1

腳跟疊腳尖，抬起雙腳

訓練重點

利用自己雙腳的重量來集中鍛鍊下半部腹肌。

1 起始姿勢

仰躺，用雙肘微微撐起上半身。單腳腳跟堆疊在另一隻腳的腳尖上。

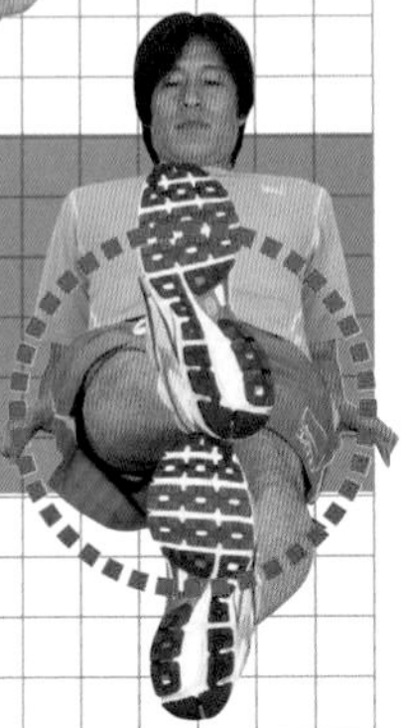

吐氣

2 抬起雙腳

邊吐氣數到5，邊抬起雙腳，像是底下的腳將上面的腳頂上去的感覺。大約離地30公分左右後，再邊吸氣數到5，邊將腳放下。

鍛鍊部位！

●腹肌下半部

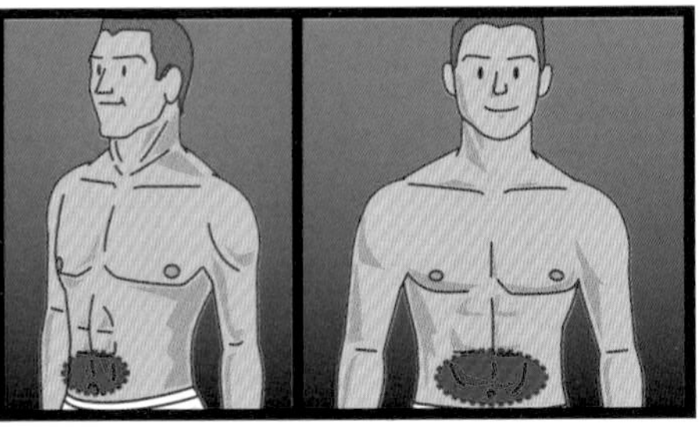

次數

● 20次（1[illegible]10次）

節奏與動作

● 1、2、3、4、5抬起腳

● 6、7、8、9、10放下腳

呼吸

● 1、2、3、4、5→吐氣

● 6、7、8、9、10→吸氣

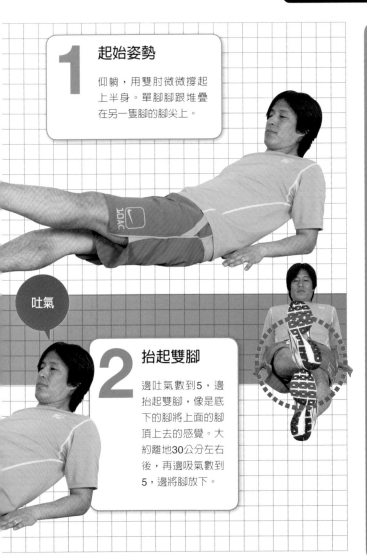

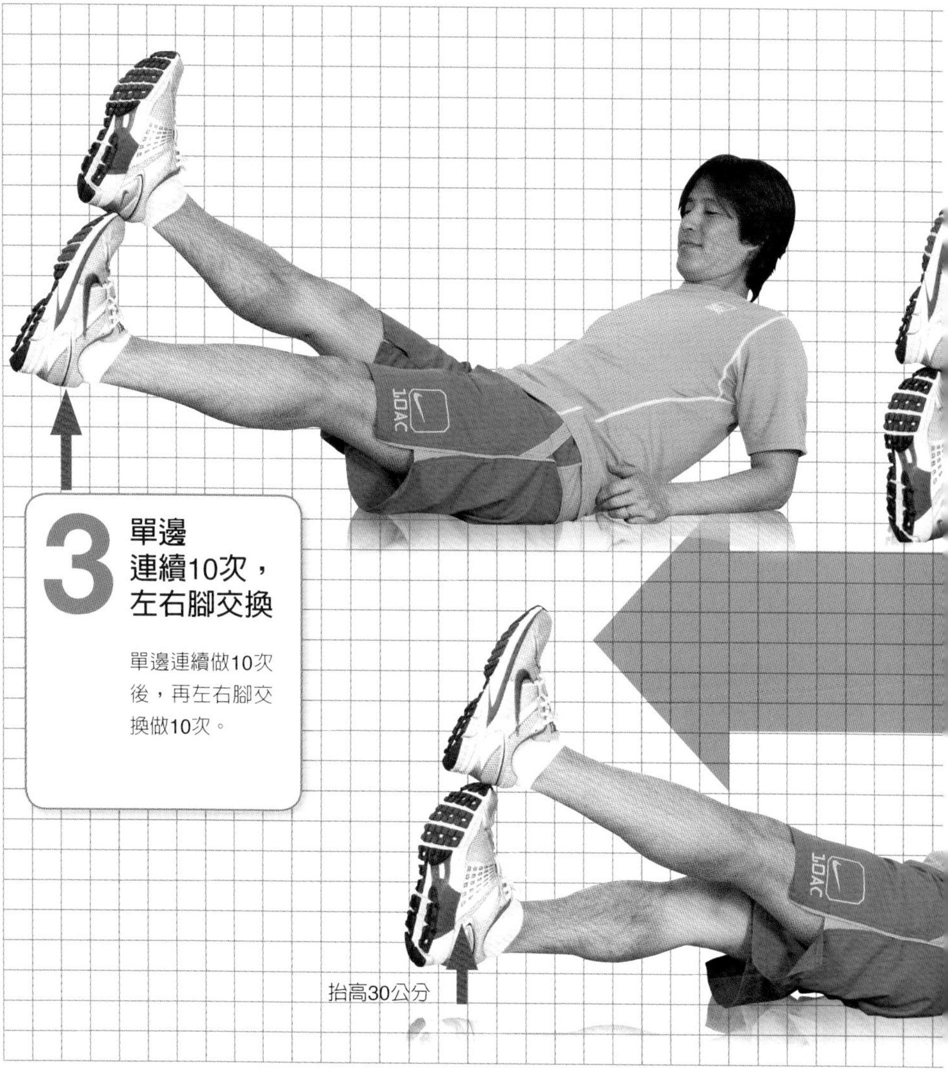

3 單邊連續10次，左右腳交換

單邊連續做10次後，再左右腳交換做10次。

STEP UP

試著使用瑜珈球做做看！

試著用雙腳夾住瑜珈球，然後抬舉起來。因為內側大腿用力的關係，連帶也會使用到髖關節以下的下腹部。

仰躺，雙腳夾住瑜珈球。

邊吐氣數到2並抬起雙腳，邊吐氣數到2並放下。作12次。

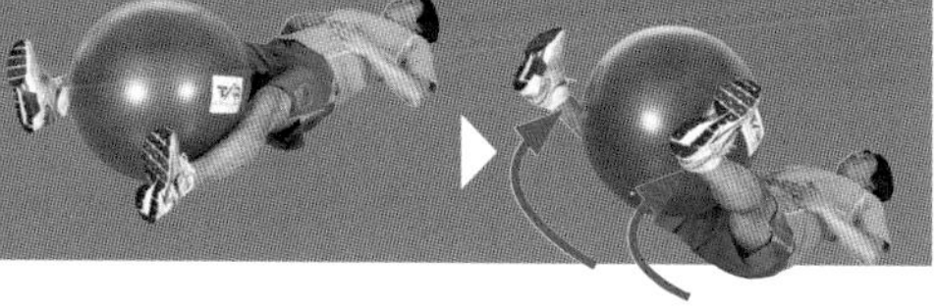

SECTION 2

跪立姿勢，雙手左右伸展，扭轉身體向後方傾斜

訓練重點

利用側腹部和腹肌的用力來撐住傾斜的身體。

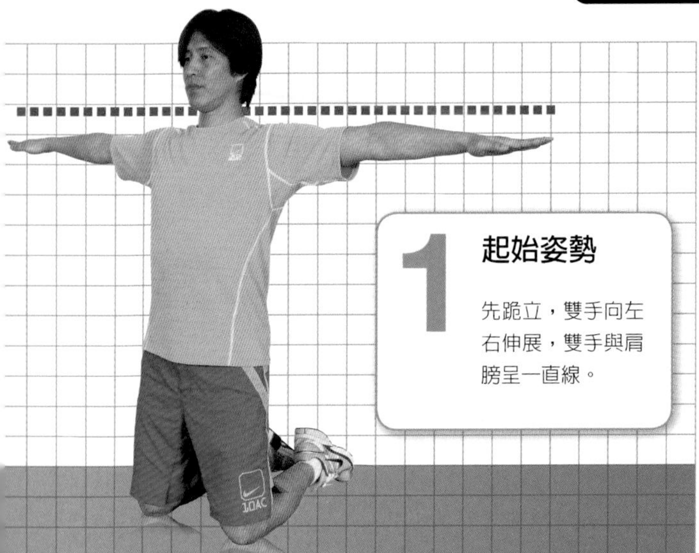

1 起始姿勢

先跪立，雙手向左右伸展，雙手與肩膀呈一直線。

2 邊扭轉身體邊向後傾

邊吸氣數到3，邊以脊柱為軸心，扭轉肩膀向後傾。軸心的脊柱不向左右彎曲。

鍛鍊部位！

- 腹肌下半部
- 腹側肌群

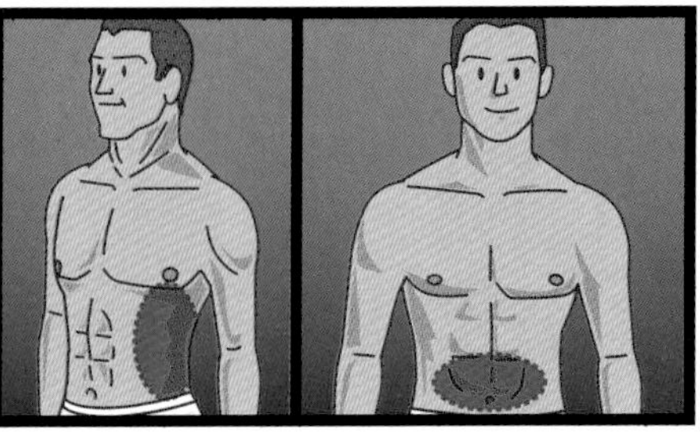

次數

- 20次（單邊算一次，左右邊交換）

節奏與動作

- 1，2，3向後傾
- 4，5，6回復原狀

呼吸

- 1，2，3➡吸氣
- 4，5，6➡吐氣

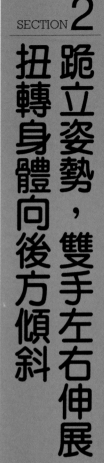

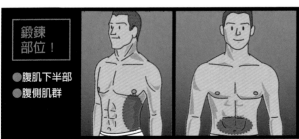

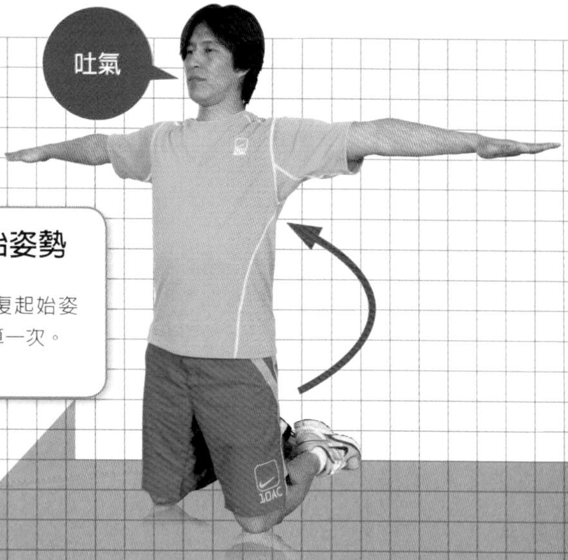

3 起身後回復起始姿勢

邊吐氣數到3，邊回復起始姿勢。到這個動作做完算一次。

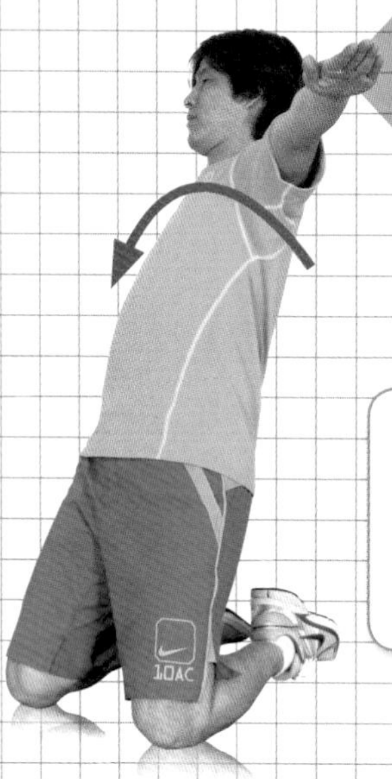

4 換邊扭轉

回到起始姿勢後，再換邊扭轉向後傾。

NG 姿勢

腰部不可以彎曲

要注意，身體向後傾的時候，腰部不可以向後反折。若腰部的負擔過大，會造成傷害。

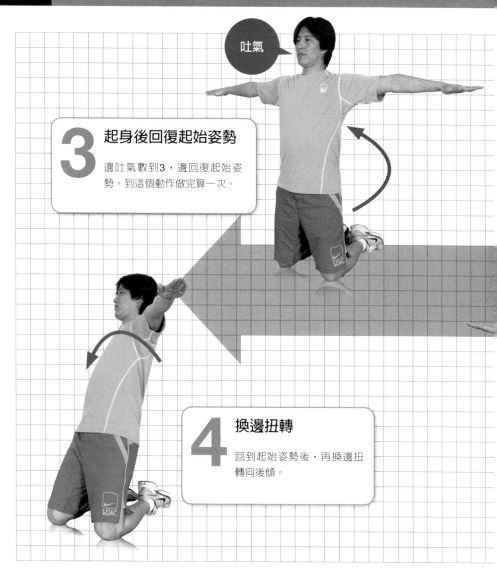

SECTION 3

同伴壓住腳踝，伸直雙腳仰臥起坐。

訓練重點

藉由伸直雙腳，集中加壓鍛鍊下部腹肌。

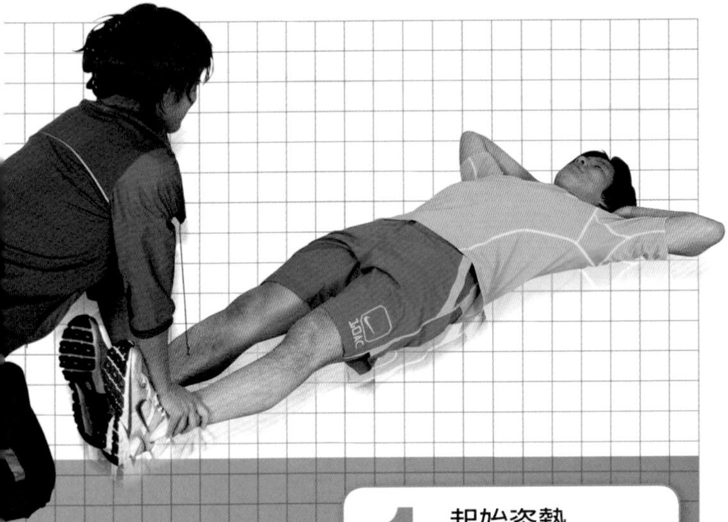

1 起始姿勢

仰躺，請同伴壓住雙腳腳踝。伸直雙腳，雙手置於腦後。

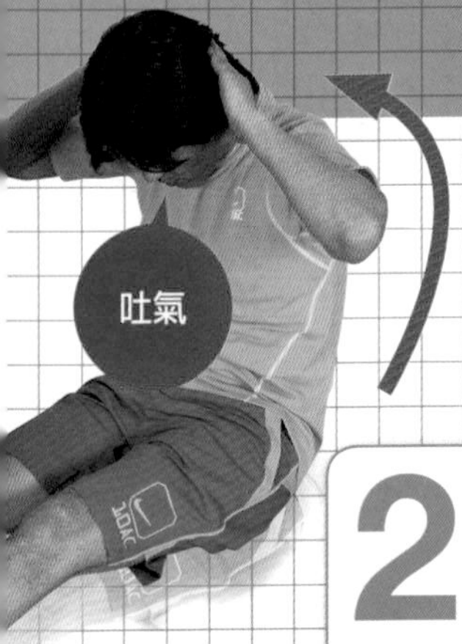

2 邊吐氣 邊仰臥起坐

邊吐氣數到3，邊抬起上半身。

鍛鍊部位！

●腹肌下半部

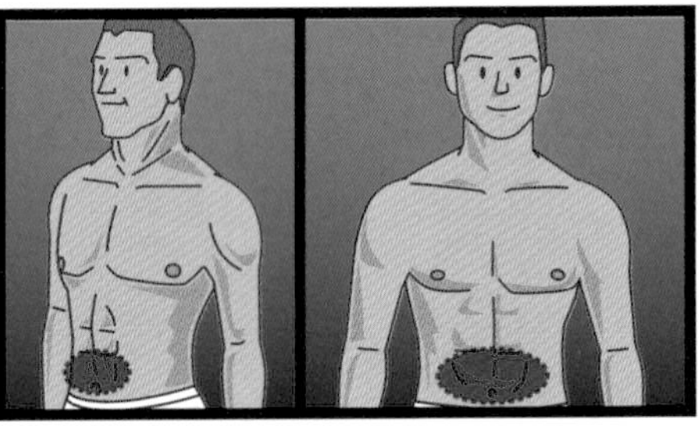

次數

●12次

節奏與動作

●1、2、3 起身
●4、5、6 回復原狀

呼吸

●1、2、3➡吐氣
●4、5、6➡吸氣

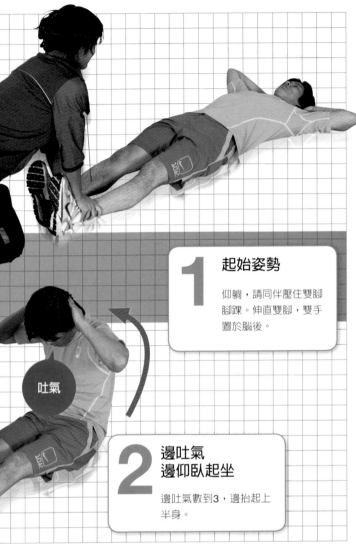

3 起身之後，邊吸氣邊躺下

抬起上半身後，再邊吸氣數到3，邊躺下回到起始姿勢。

NG姿勢 背部不可向後反折

如果背部向後反折，對腰部的負擔太大。所以要注意背部不要有向後反折的動作。另外，腰痛的人，彎曲膝蓋來做仰臥起坐也是可以的。

GOOD姿勢 背部稍微弓起

起身和躺下時，背部都稍微弓起對腰部的負擔會比較小。

SECTION 4

單腳提舉上階梯，拉引另一隻腳。

訓練重點

適當重訓大腿和臀部，鍛鍊下腹部

1 起始姿勢

站在距離台階可以一步踏上的地方。還未習慣前，先貼近牆站，單手扶著牆保持平衡。

準備道具

●30～50公分高的台階

鍛鍊部位！

●腹肌下半部
●臀部

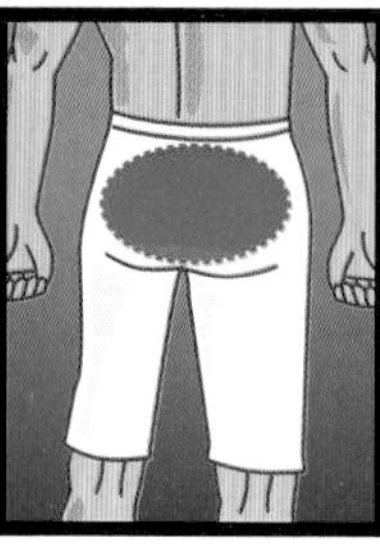

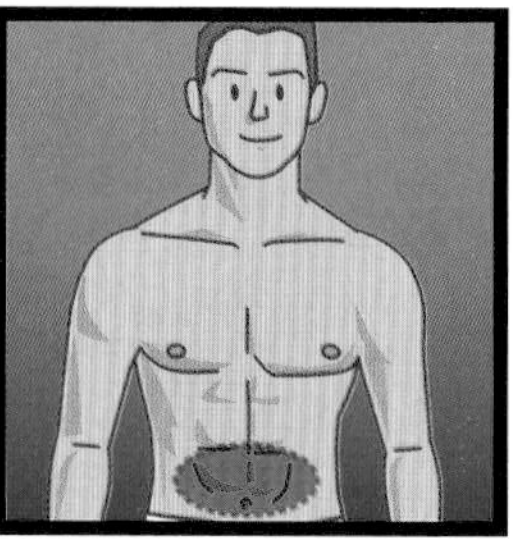

次數

●20次（單邊連續10次）

節奏與動作

●1，2舉起大腿上台階
●3，4回復原狀

呼吸

●1，2➡吐氣
●3，4➡吸氣

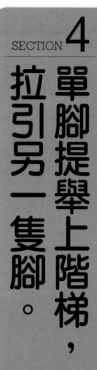

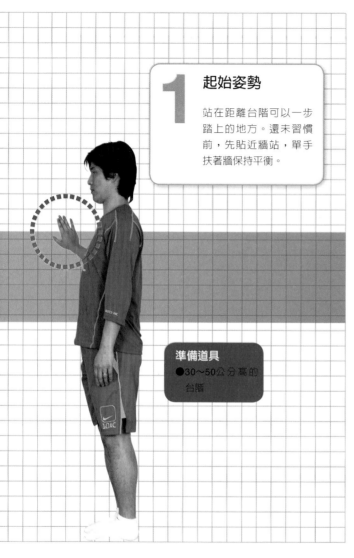

3 提舉大腿

當身體也上台階時，另一隻腳膕關節處要彎曲至90度後才提舉上台階。此時，手臂自然擺動就可以。1.2提舉大腿上台階，3.4再回到起始姿勢。動作要有節奏感。

2 邊吐氣邊上台階

邊吐氣，邊舉起單腳上台階，像上樓一樣將身體拉起來。

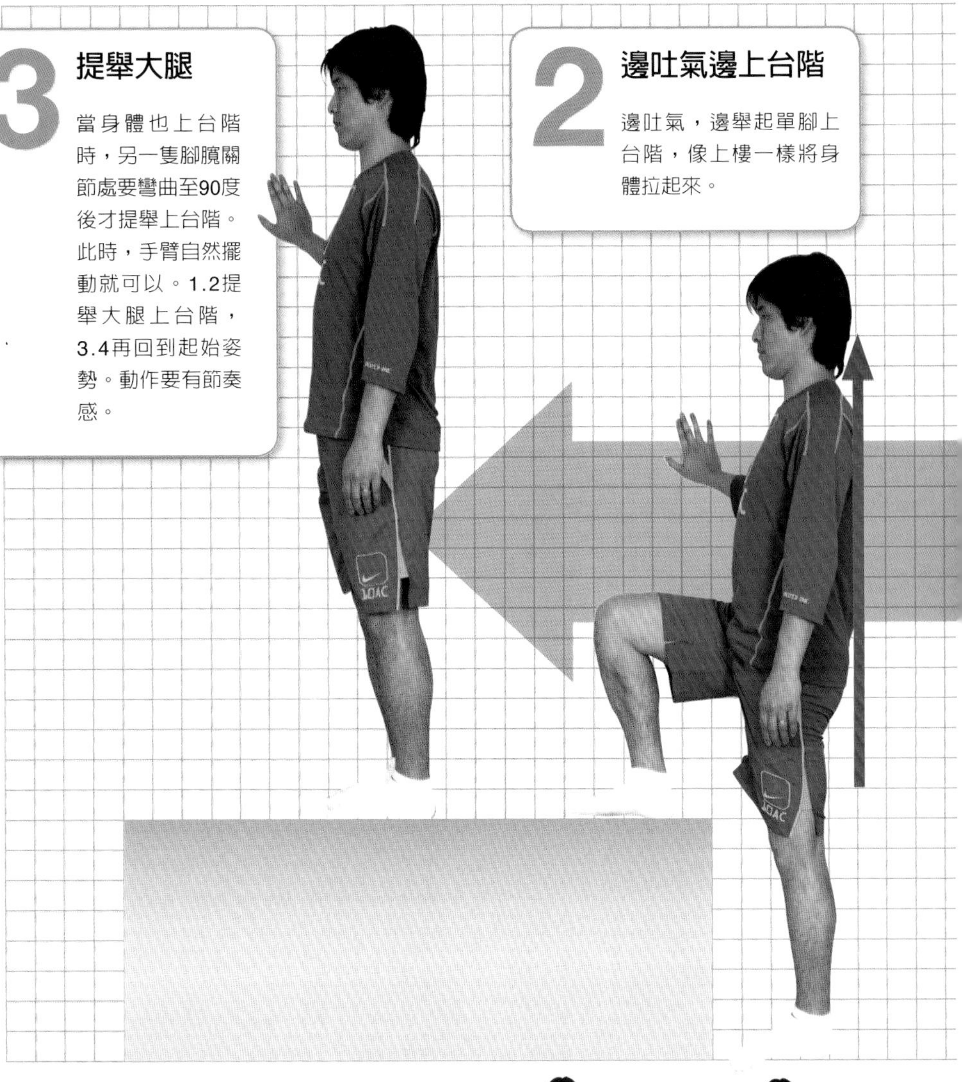

POINT

重心不要偏向某側，要保持平衡

當提舉大腿上台階時，身體要保持平衡，不要偏向某一邊。運動中要意識使用腹肌。

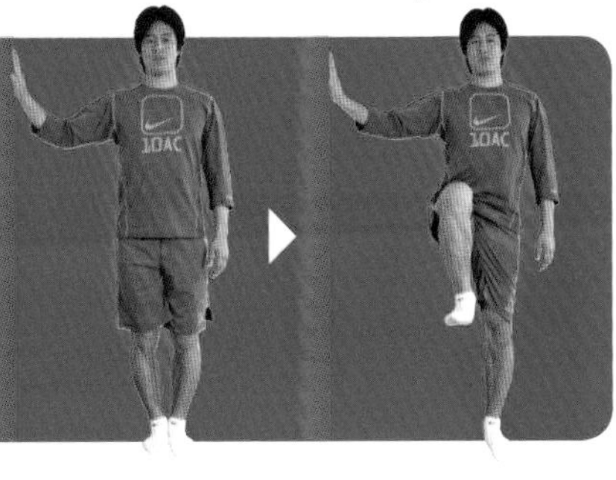

SECTION 5

仰躺，雙腳浮空中，腳尖側倒般扭轉足部。

訓練重點

刺激腹肌下半部的深層肌群

1 起始姿勢

仰躺，雙腳浮空中，大約離地15公分，注意膝蓋不可彎曲。

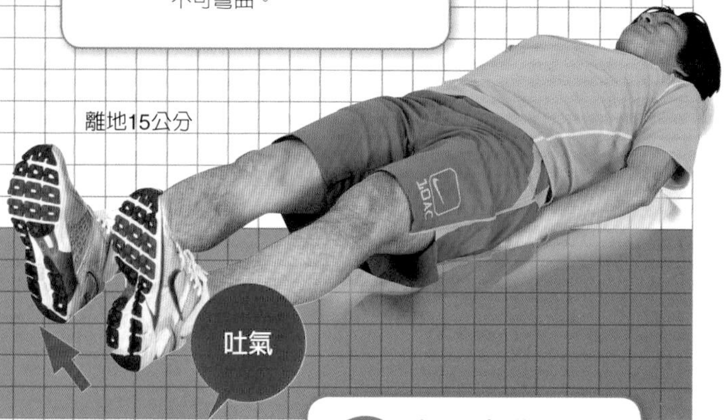

2 以腰部為支撐點扭轉腳部

邊吐氣數到3，邊以腰部為支撐點扭轉腳部。腳尖像是雨刷般左右扭轉。

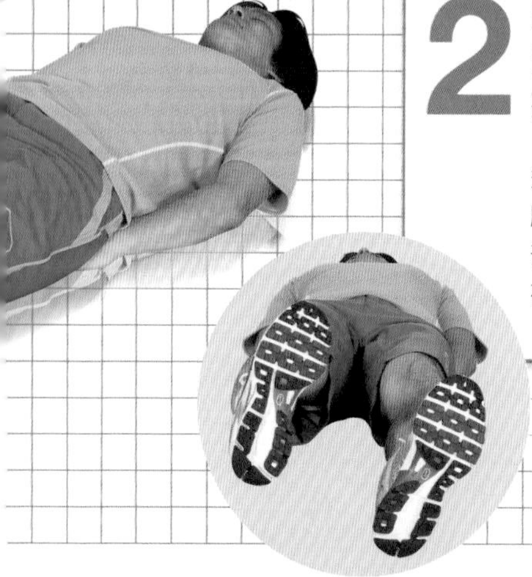

鍛鍊部位！

●腹肌下半部

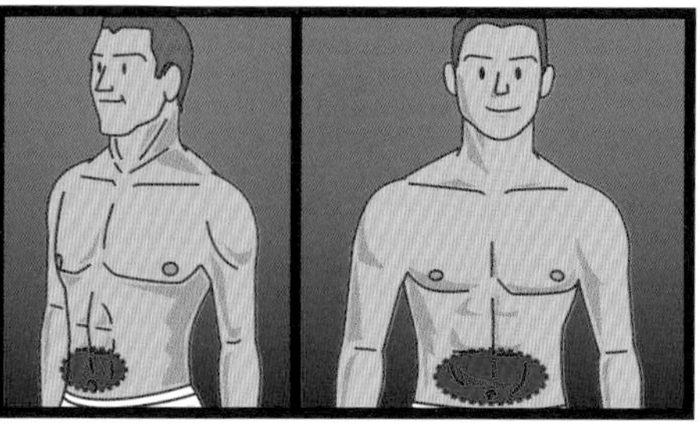

次數

●12次（單邊算1次，左右邊互換）

節奏與動作

●1、2、3扭轉
●4、5、6回復原狀

呼吸

●1、2、3→吐氣
●4、5、6→吸氣

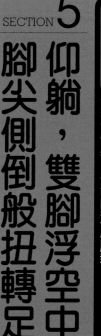

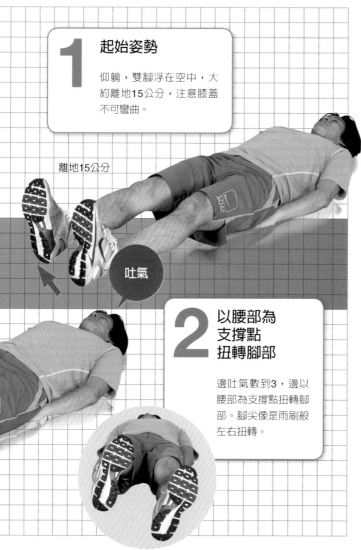

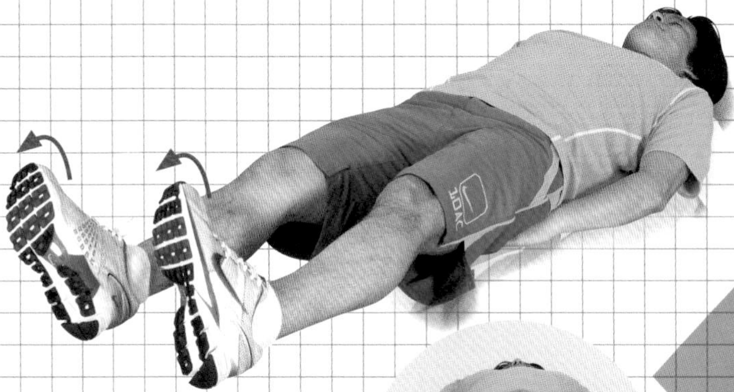

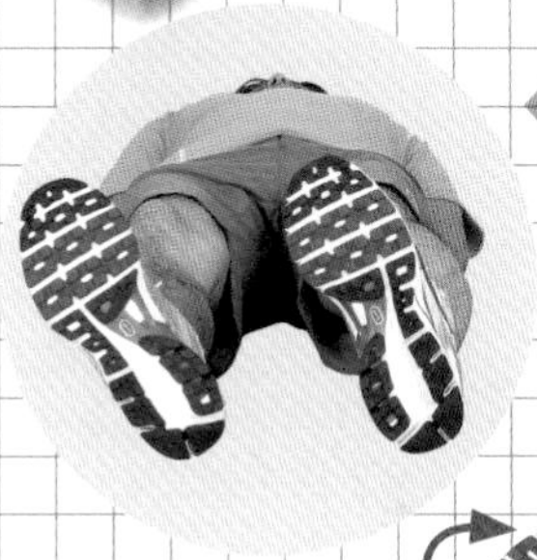

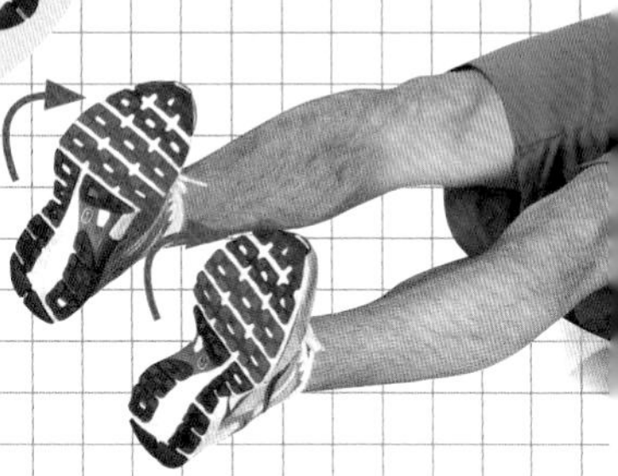

3 左右交換扭轉腳部

邊吸氣數到3，邊回復起始姿勢，動作完成算1次，然後再換邊。

NG 姿勢

腰部不可懸空

腰部若懸空，背部容易與地板之間產生空隙，這樣對腰部的負擔太大，要特別留意。

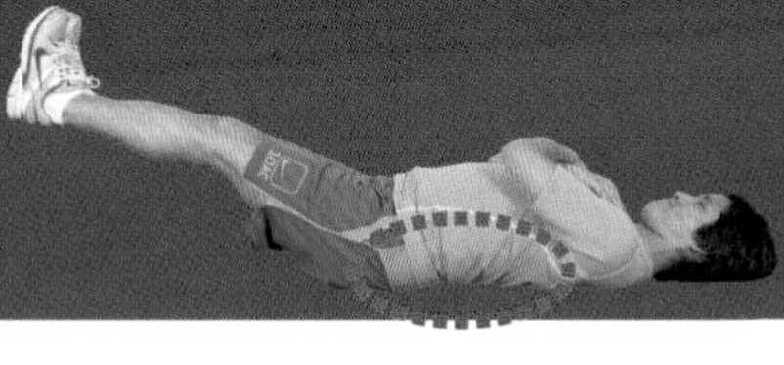

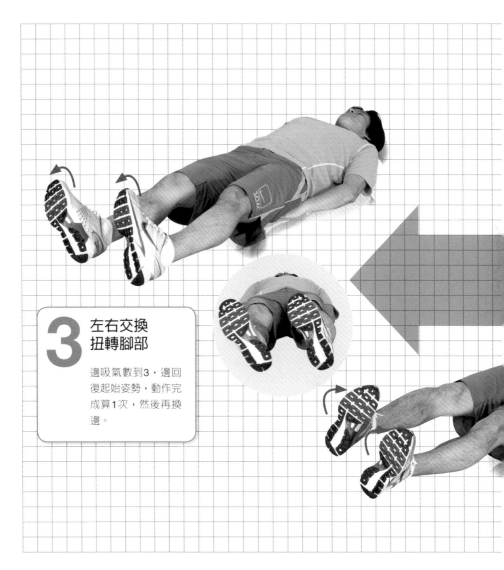

SECTION 6

從伏地挺身姿勢開始，一口氣縮起兩腳

訓練重點

利用瞬間的移動來刺激腹肌。

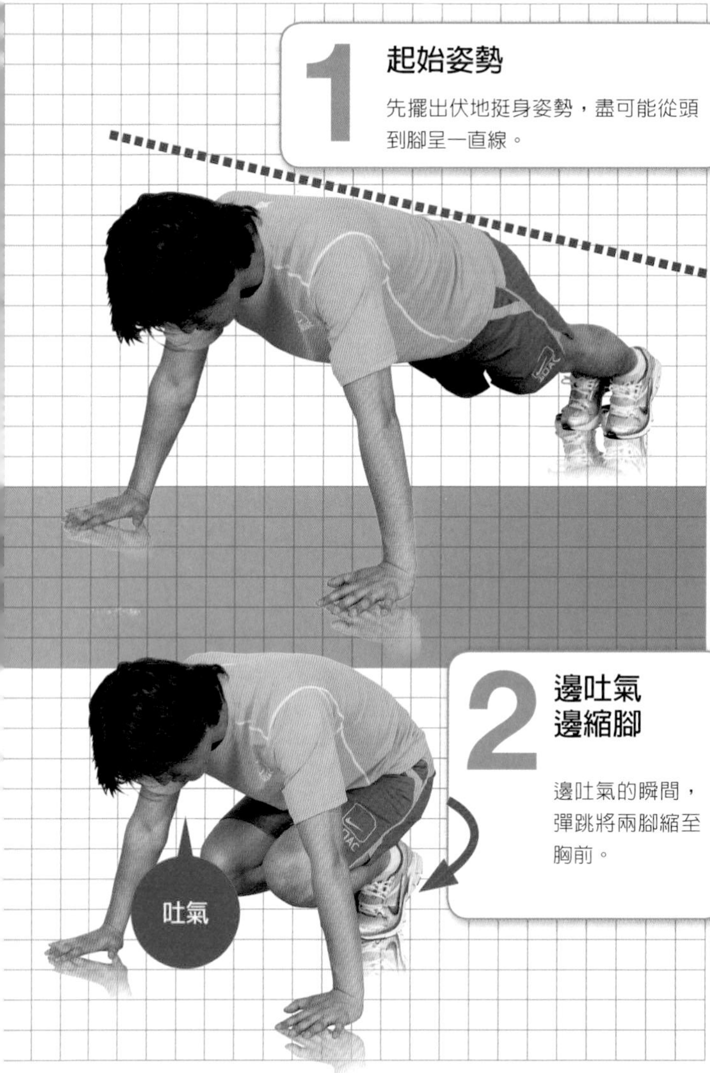

1 起始姿勢

先擺出伏地挺身姿勢，盡可能從頭到腳呈一直線。

2 邊吐氣 邊縮腳

邊吐氣的瞬間，彈跳將兩腳縮至胸前。

鍛鍊部位！

●腹肌下半部

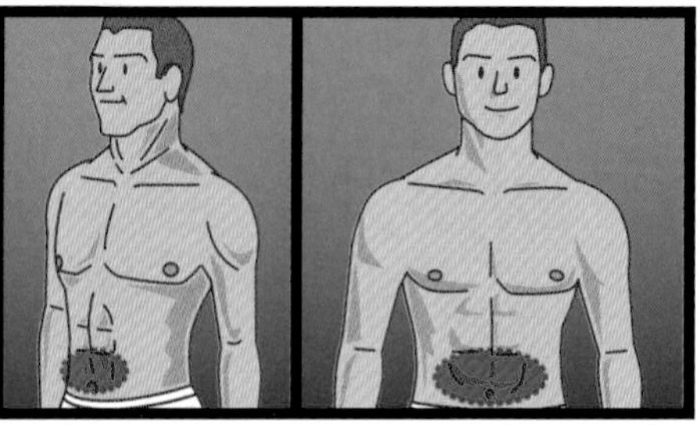

次數

●20次

節奏與動作

● 1 縮腳
● 2 回復原狀

呼吸

● 1 ➡吐氣
● 2 ➡吸氣

STEP UP

試著使用瑜珈球做做看！

雙手置於瑜珈球上，身體保持一直線，這是起始姿勢。邊吐氣數到3，邊提舉單腳至胸前，然後再邊吸氣數到3回復起始姿勢，左右腳交換共12次。

留意腰部不要太過彎曲，盡量在腳部至頭部呈一直線下提舉單腳。

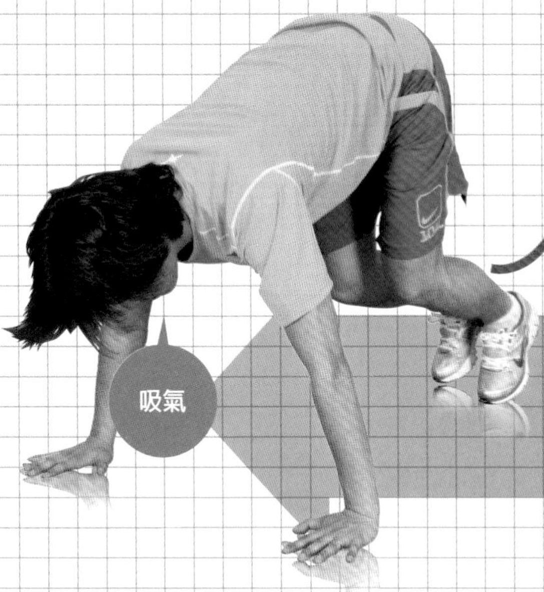

3 邊吸氣 邊伸直雙腳

邊吸氣的瞬間，再彈跳伸直雙腳回到起始姿勢。

NG姿勢 腰部不可向後反折

如果出現腰部向後反折的姿勢，就表示腹肌和背肌沒有用力。

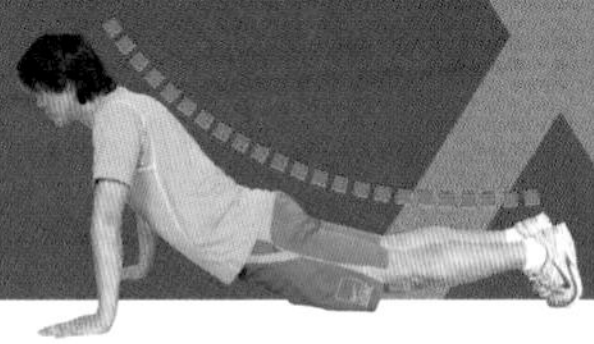

GOOD姿勢 頭部至腳部呈一直線

回到起始姿勢的時候，要意識身體是呈一直線的。

徹底消除側腹部的贅肉！篇

所需時間 40分

倒臥＋扭轉訓練

倒臥身體時扭轉，集中緊縮側腹部。

每一個人都可以消除側腹部多餘贅肉的運動組合餐。善用斜向的腹內・外斜肌及橫向的腹橫肌，可以纖細我們的側腹部。

因為少用，所以容易長贅肉

側腹部的肌肉有斜向的腹內斜肌、腹外斜肌，以及橫向的腹橫肌等，在平常生活中，這些肌肉的負荷量都不大，因此這個部位容易長出贅肉。

要緊縮這部分肌肉的運動，重點就在於倒臥扭轉。身體仰躺，扭轉骨盆加壓於這些肌肉群。

這個組合餐裡較多的動作都是日常生活中比較做不慣的，所以剛開始或許會覺得比較吃力做不來，但是只要持之以恆反覆訓練下，這些肌群會開始慢慢甦醒。

請大家要有耐心地持續訓練下去。

這個訓練組合餐與前面一樣，一種動作連續3回合，之後再休息90秒。

START ▶118 頁

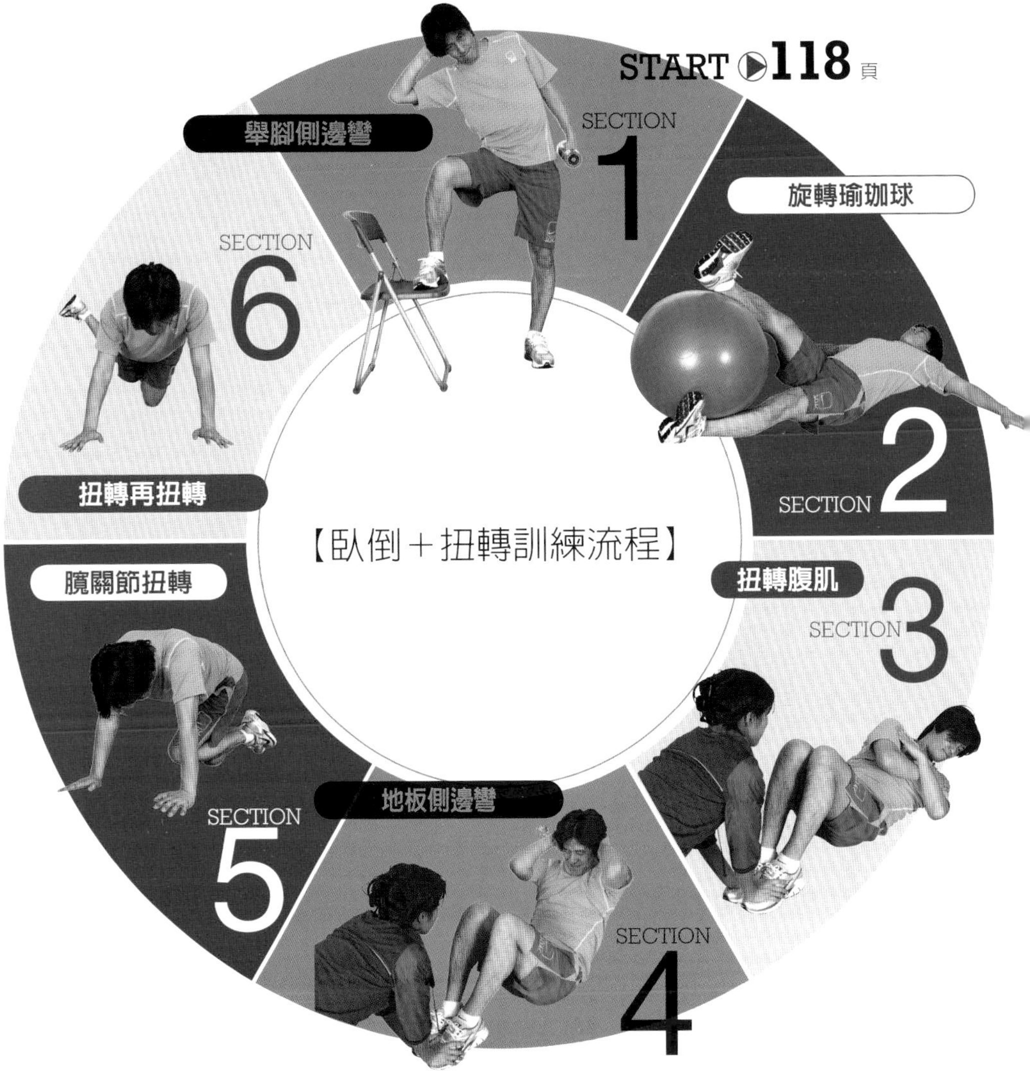

1	舉腳側邊彎	×20次	×3回合	休息90秒	下個動作
2	旋轉瑜珈球	×20次	×3回合	休息90秒	下個動作
3	扭轉腹肌	×20次	×3回合	休息90秒	下個動作
4	地板側邊彎	×20次	×3回合	休息90秒	下個動作
5	髖關節扭轉	×20次	×3回合	休息90秒	下個動作
6	扭轉再扭轉	×20次	×3回合		

SECTION 1

單腳舉高，手握啞鈴，身體左右彎

訓練重點

利用啞鈴的重量，增加側腹部收縮的負荷。

1 起始姿勢

單腳置於折疊椅之類的椅子上，髖關節呈90度。舉腳那一側的手置於腦後，另外一隻手握啞鈴，身體往握啞鈴的那一側彎曲，這就是起始姿勢。

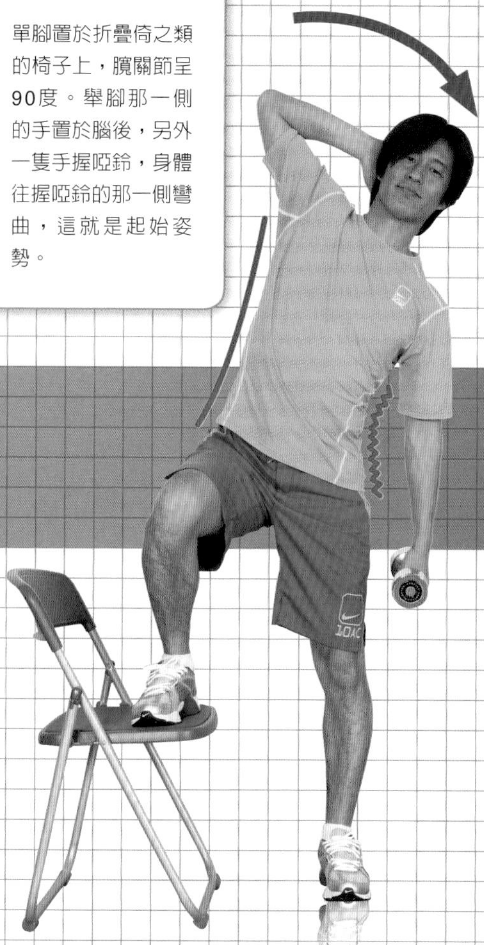

鍛鍊部位！

●腹側肌群

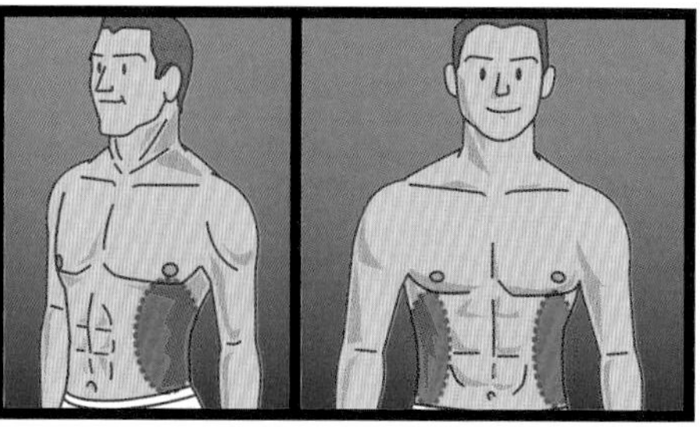

次數

●20次（單邊各連續10次）

節奏與動作

●1.2.3.4.5收縮側腹部
●6.7.8.9.10回復原狀

呼吸

●1.2.3.4.5→吐氣
●6.7.8.9.10→吸氣

2 邊吐氣邊起身

邊吐氣，邊讓舉腳那一側的腹側肌群收縮，讓身體直立起來。用側腹部肌肉去感受啞鈴的重量。

3 收縮側腹部肌肉，彎曲身體

然後再收縮側腹部肌肉，讓身體彎曲。從起始姿勢開始收縮數到5，再邊吸氣數到5回復起始姿勢。連續10次後，左右邊交換。

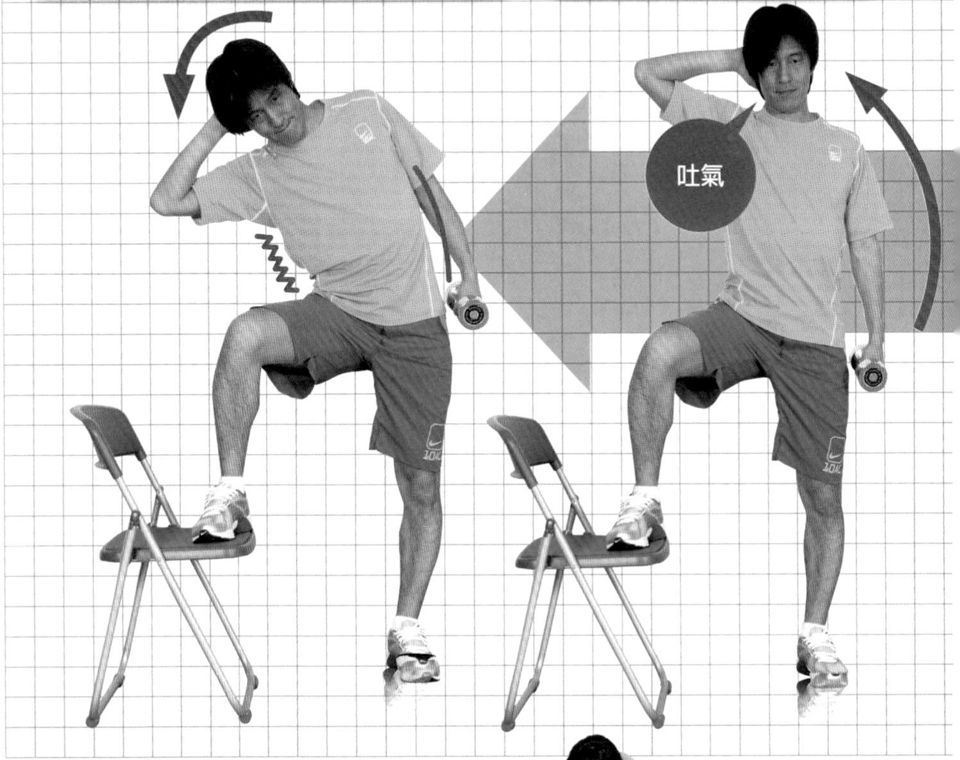

POINT

彎曲身體時，要稍微向前傾

當身體往舉腳那一側彎曲時，要稍微向前傾，這樣才能多加使用側腹部的肌肉。

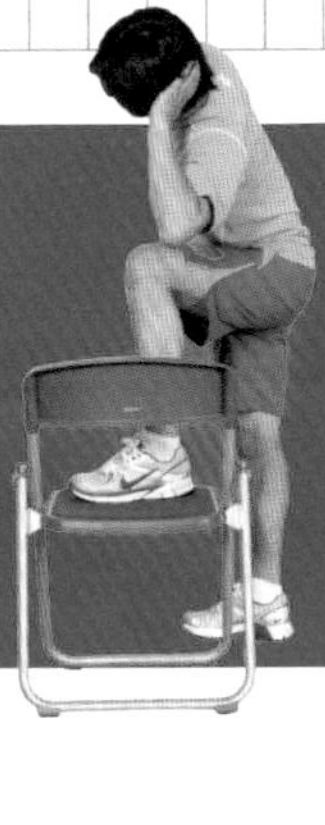

SECTION 2

雙腳夾緊瑜珈球，左右旋轉

訓練重點

利用腹肌將雙腳舉高，大腿肌肉用力狀態下活動側腹部肌肉。

準備道具
●瑜珈球

1 起始姿勢

雙腳夾緊瑜珈球，舉高離地20公分。雙手平放於地面保持平衡。

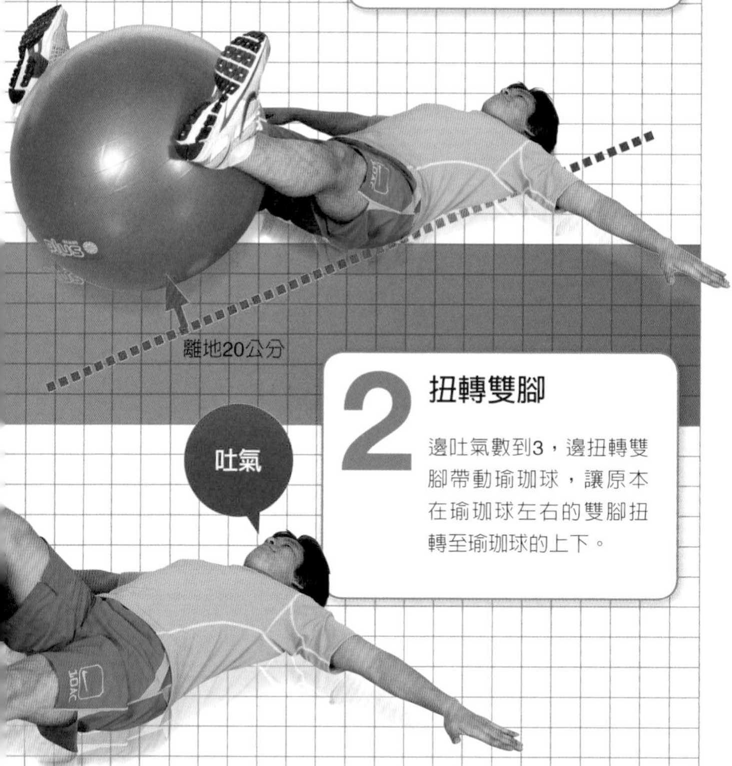

2 扭轉雙腳

邊吐氣數到3，邊扭轉雙腳帶動瑜珈球，讓原本在瑜珈球左右的雙腳扭轉至瑜珈球的上下。

鍛鍊部位！
●腹側肌群

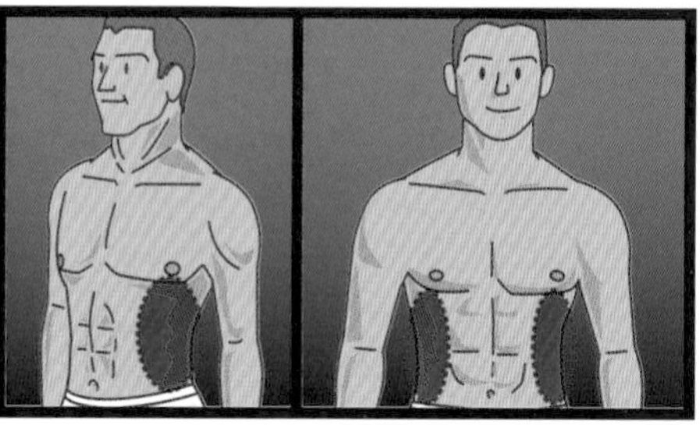

次數
● [illegible]

節奏與動作
● [illegible]
● [illegible]

呼吸
● [illegible]
● [illegible]

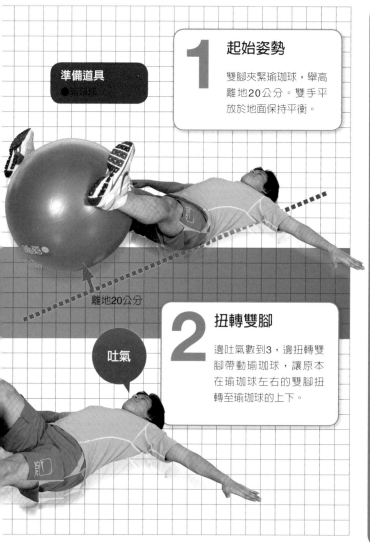

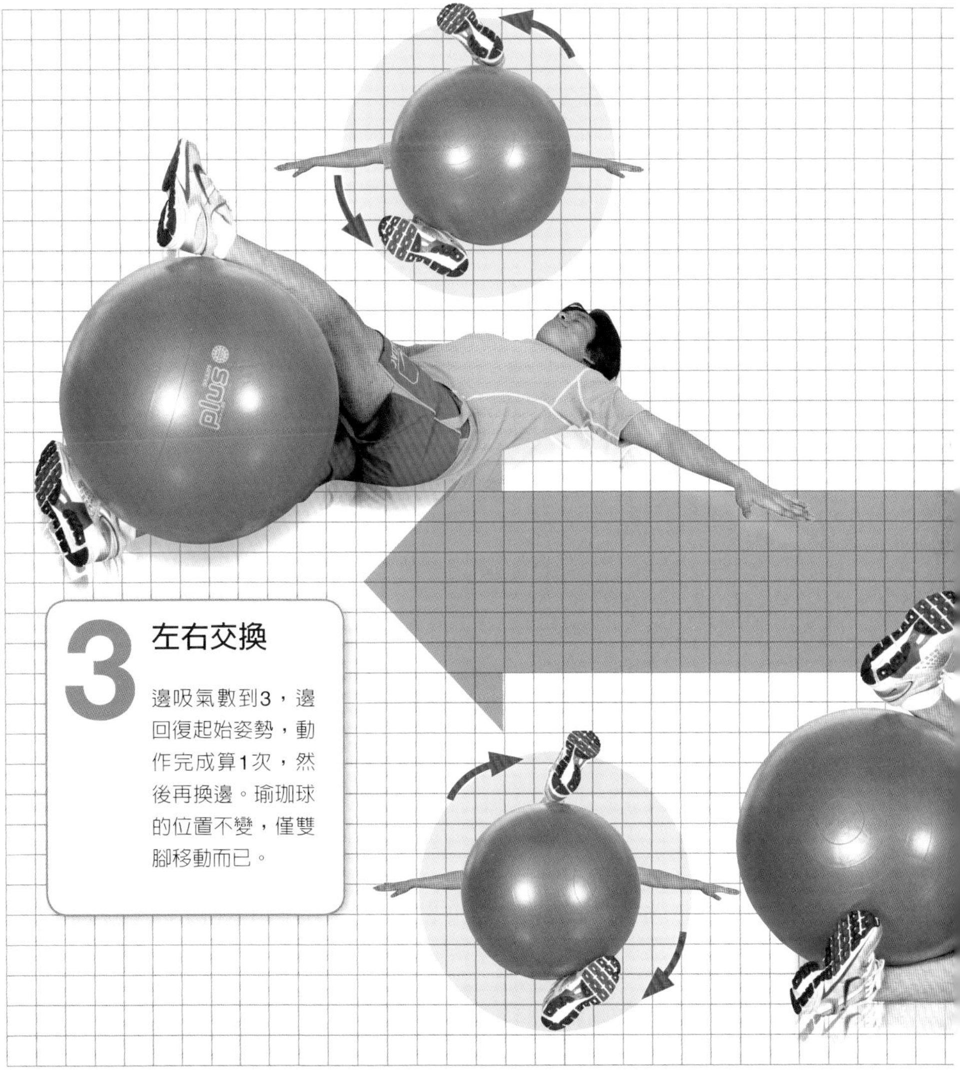

3 左右交換

邊吸氣數到3，邊回復起始姿勢，動作完成算1次，然後再換邊。瑜珈球的位置不變，僅雙腳移動而已。

NG姿勢

雙腳不可抬舉過高

將瑜珈球抬的過高，對腹肌的負荷就會變小。盡量維持在20公分高左右。

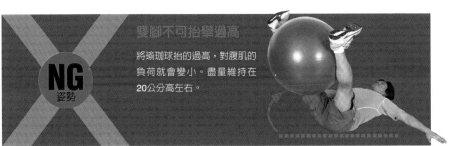

SECTION 3

轉體狀態下的腹肌運動

訓練重點

扭轉到極限，重訓側腹部肌肉到極大值。

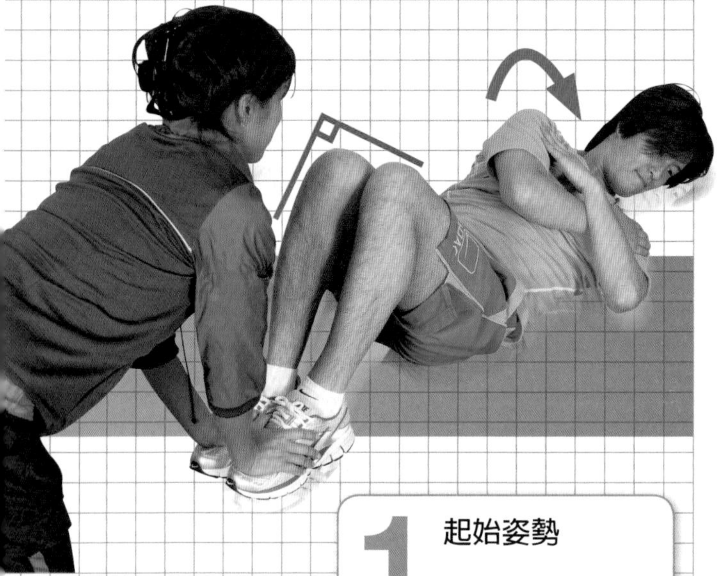

1 起始姿勢

仰躺，膝蓋彎曲呈90度，請同伴壓住腳板。上半身向側邊扭轉，僅側邊肩膀著地。

鍛鍊部位！

●腹側肌群

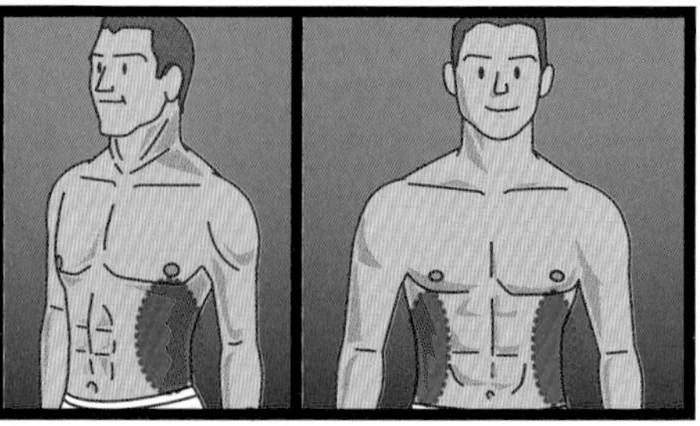

次數

●20次（單邊算1次，左右邊互換）

節奏與動作

●1，2，3起身
●4，5，6回復原狀

呼吸

●1，2，3➡吐氣
●4，5，6➡吸氣

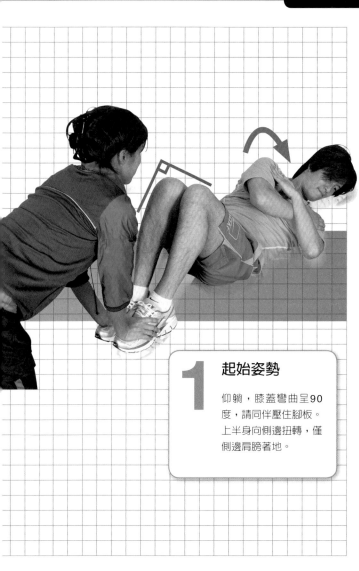

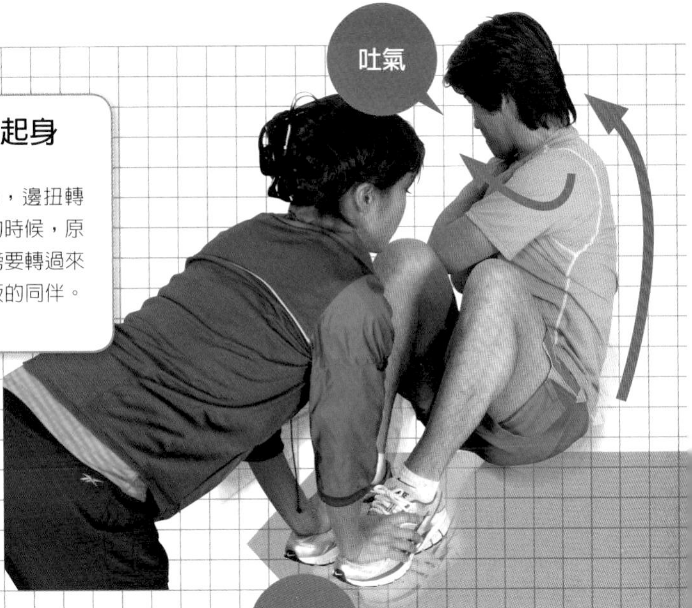

2 邊扭轉邊起身

邊吐氣數到3，邊扭轉起身。起身的時候，原本著地的肩膀要轉過來面對壓住腳板的同伴。

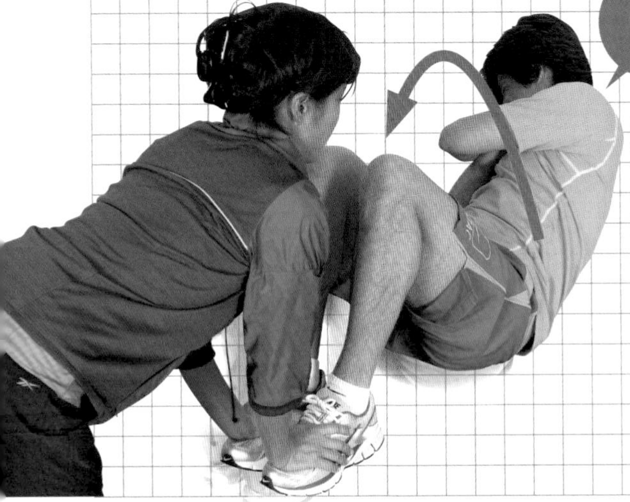

3 扭轉狀態下直接躺下

邊吸氣數到3，邊躺下。躺下的時候，身體仍保持扭轉到側邊，但和起始姿勢方向相反。

STEP UP↗

試著在瑜珈柱上做做看！

在瑜珈柱上鍛鍊側腹部

仰躺在瑜珈柱上，膝蓋彎曲呈90度。為保持平衡，雙腳稍微張開。

邊吐氣數到3，邊讓對角線的肘膝互碰。然後再邊吸氣數到3，邊回到起始姿勢。左右交換20次。

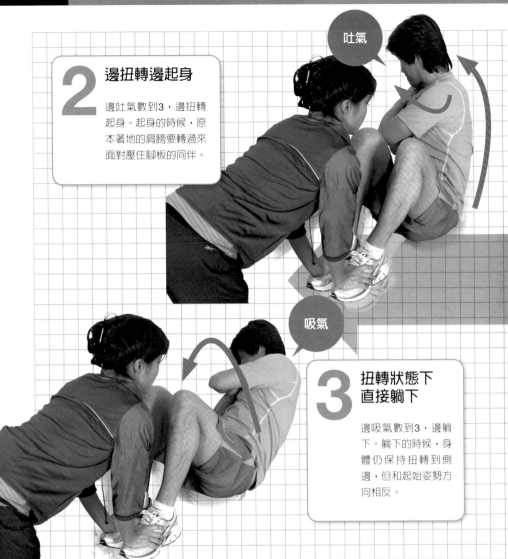

SECTION 4

從側彎身體的姿勢開始鍛鍊腹肌

訓練重點

腹肌運動中，側彎身體來鍛鍊肌肉。

1 起始姿勢

仰躺，膝蓋彎曲呈90度，請同伴壓住腳板。雙手置於腦後，手肘張開。收縮單邊的側腹部肌肉，讓身體呈現彎曲姿勢。

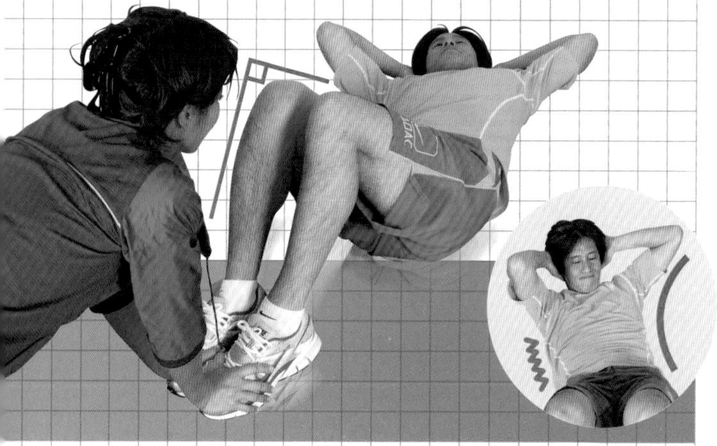

2 邊吐氣邊起身

邊吐氣數到3，邊抬起上半身。這時候，原本收縮側彎的身體要拉直，也就是抬起上半身時，身體不向左也不向右彎。

鍛鍊部位！

●腹側肌群

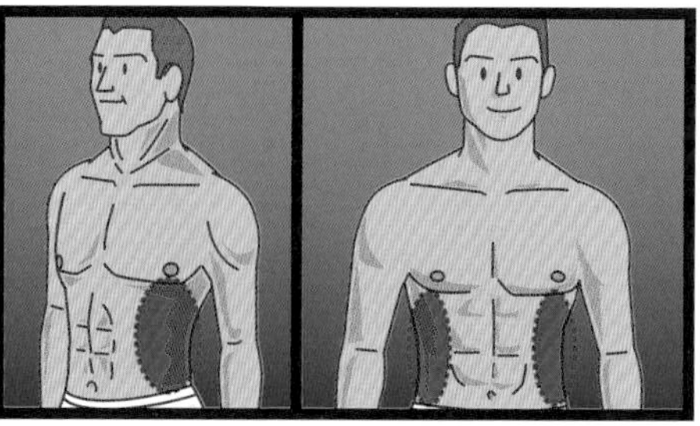

次數

●20次（單邊算1次，左右邊互換）

節奏與動作

●1，2，3 起身
●4，5，6 回復原狀

呼吸

●1，2，3➡吐氣
●4，5，6➡吸氣

3 邊側彎邊躺下

邊吸氣數到3，邊再次讓身體躺下。躺下時，上半身要往與剛才相反的方向側彎。

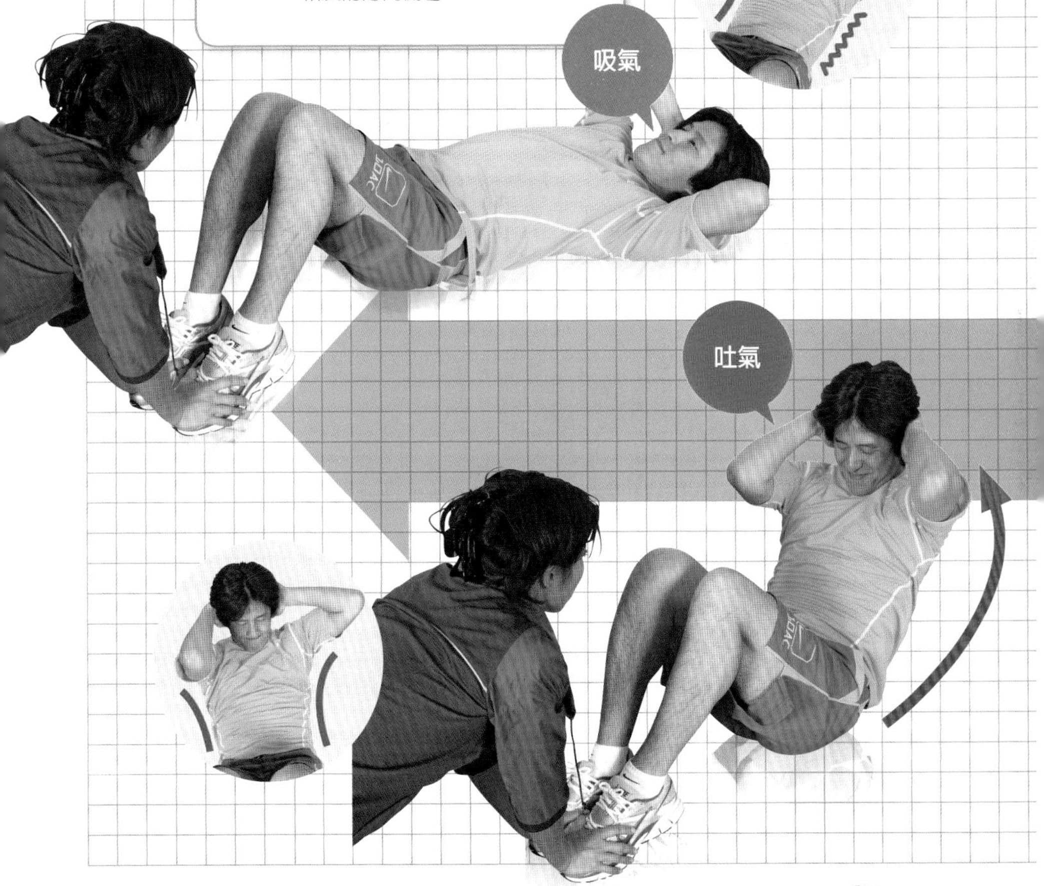

POINT

身體還在半空中時就要側彎

並不是躺到地板後才側彎，是背部還未著地前就要側彎。

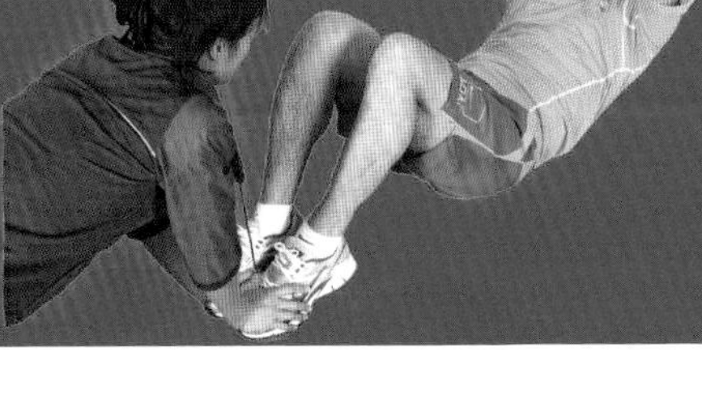

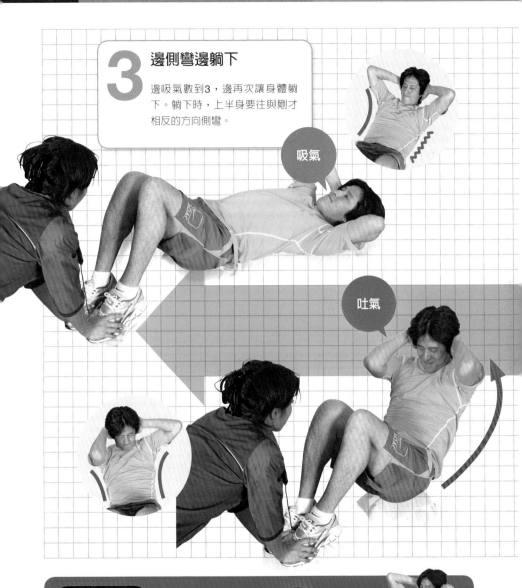

SECTION 5

從單腳伸直的俯趴姿勢轉為側提舉

訓練重點

大範圍地刺激與雙腳相連的腹部肌群。

1 起始姿勢

先跪地俯趴，單腳伸直抬高，高度與脊柱同高。視線朝下。

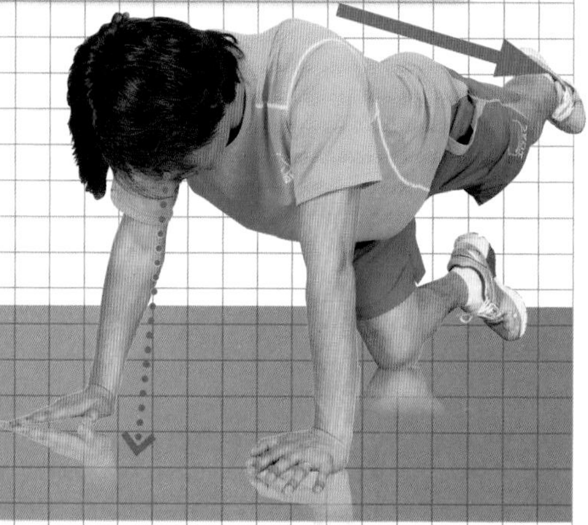

2 側提舉至身體側邊

邊吐氣，邊將提高的腳彎曲呈90度，移至身體側邊。

鍛鍊部位！

●腹側肌群

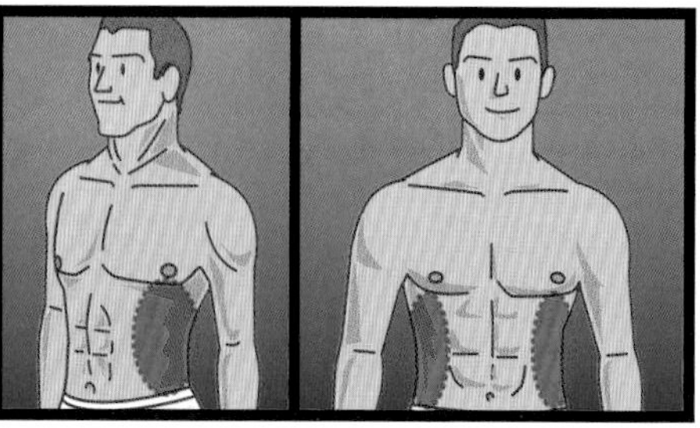

次數

●20次（單邊連續10次）

節奏與動作

●1，2，3扭轉
●4，5，6伸直

呼吸

●1，2，3→吐氣
●4，5，6→吸氣

3 腳往身體下方扭轉

將身體側邊的腳往身體下方扭轉，注意膝蓋不可著地。從起始姿勢開始數到3完成這個動作。

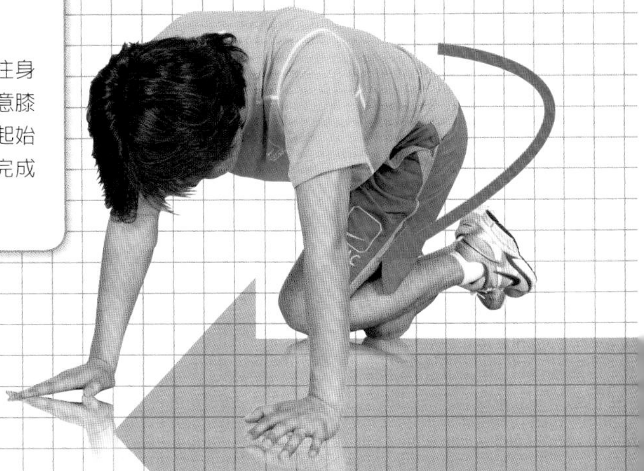

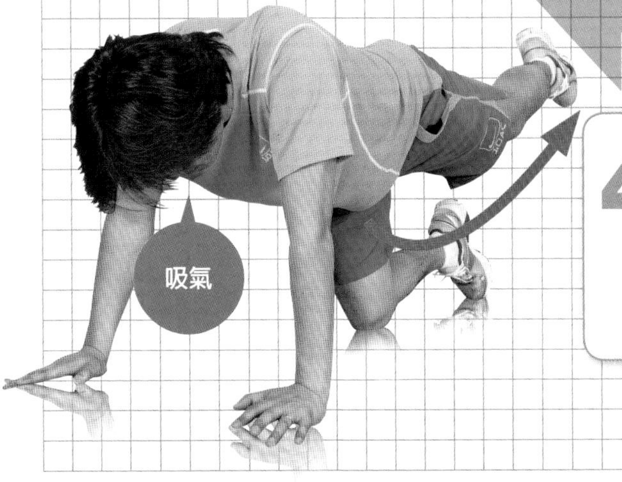

4 腳往後伸直

邊吸氣數到3，邊將腳直接往後伸直。單邊連續10次再換腳。

STEP UP↗

試著在瑜珈柱上做做看！

俯趴瑜珈柱，身體側邊肘膝互碰。

俯趴在瑜珈柱上，為了保持平衡，手腳要伸展攤開。邊吐氣數到3，邊讓單邊的肘膝在身體側邊互碰，然後再邊吸氣數到3，回復起始姿勢。要注意的是，肘膝互碰時不可著地。單邊連續10次後再換邊。

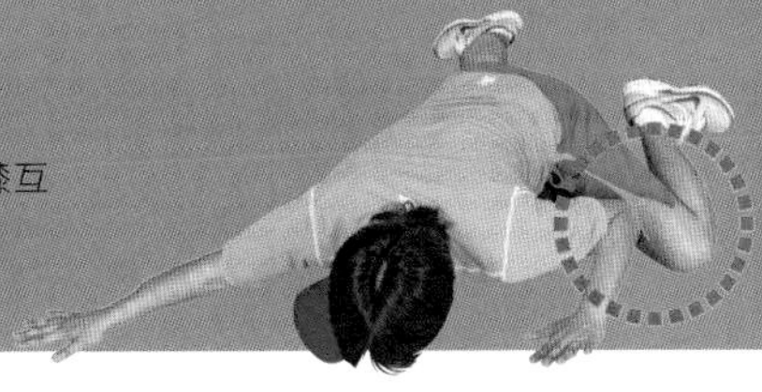

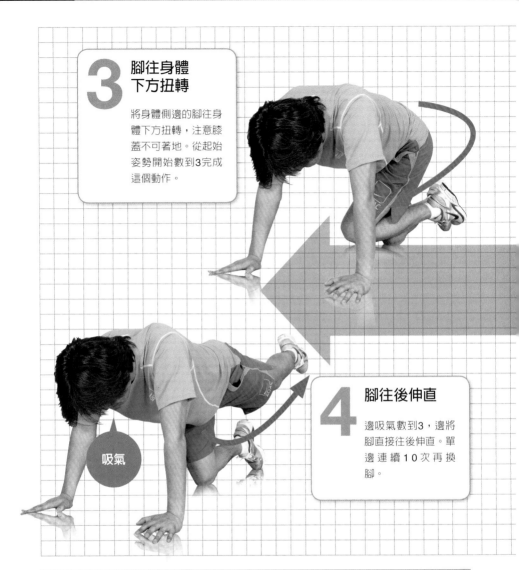

SECTION 6

儘可能在身體側邊扭轉抬起的腳

訓練重點

收縮刺激側腹部肌肉，追求肌力和可動區域的擴大。

1 起始姿勢

先跪地俯趴，單腳彎曲提舉至身體側邊。

1 起始姿勢

一開始的姿勢，腳是提舉在側邊。

鍛鍊部位！

●腹側肌群

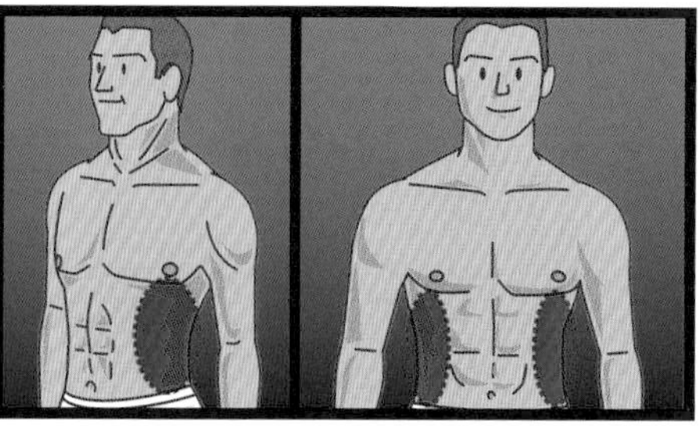

次數

●20次（單邊連續10次）

節奏與動作

●1、2、3扭轉
●4、5、6回復原狀

呼吸

●1、2、3→吐氣
●4、5、6→吸氣

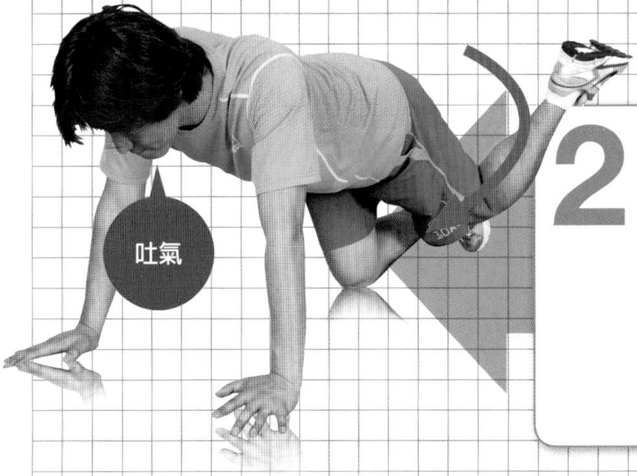

2 以髖關節為支點，腳部扭轉

邊吐氣數到3，邊以髖關節為支點，扭轉腳部。膝蓋在身體下方，指尖朝身體外側地扭轉。直到極限為止，再邊吸氣數到3，邊回復起始姿勢。注意膝蓋不要著地。

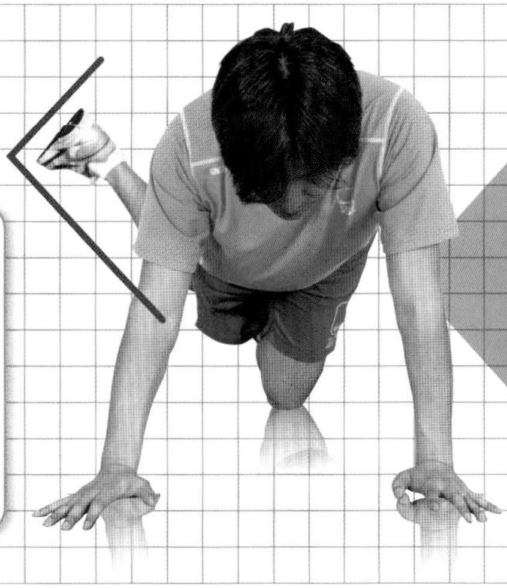

2 像擺錘一樣扭轉擺動

從髖關節至膝蓋，像擺錘一樣扭轉擺動。腳尖像是朝身體外側擺動般地扭轉。

POINT

膝蓋要盡量靠近跪在地上當軸心的膝蓋

在空中的膝蓋要盡量靠近跪立在地上當軸心的膝蓋。如果姿勢正確的話，腳底盤應該會面朝天花板。

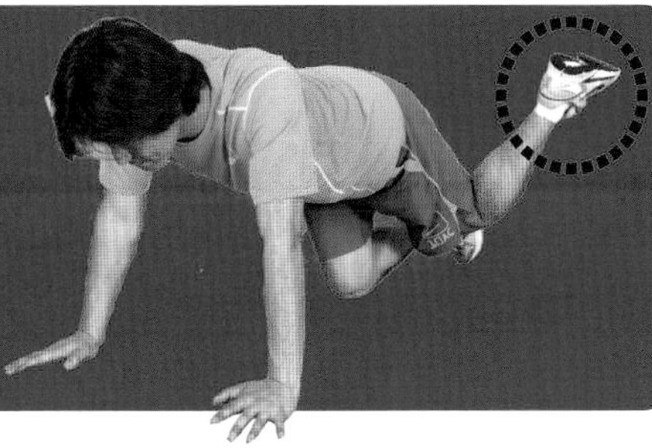

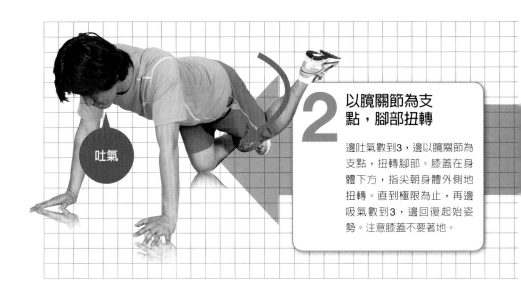

理想的倒三角形身材！篇

所需時間 40分

活動上半身・下半身的訓鍊

肩・胸・手臂・下半身 鍛鍊全身，邁向理想的身材！

既然鍛鍊腹肌想達到瘦小腹的目的，就乾脆藉這個機會，均勻鍛鍊全身，挑戰理想倒三角的身材！

同時鍛鍊上半身與下半身

若在這之前的訓練都已經確實做到的話，腹部周遭的曲線應該都已經塑造出來。而既然小腹已不再凸出，就不要只單練腹肌，練練全身的話，理想的倒三角形身材也可以隨之手到擒來。

這一部分的運動組合餐重點，在於平均活動上半身與下半身來加以鍛鍊。想要有倒三角形的身材，就必須鍛鍊成寬闊的臂膀、厚實的胸膛、纖細的腰與緊實的下半身。

為了將各部位鍛鍊成理想身型，這一套運動組合餐可以讓大家同時活動上半身與下半身，另外也增加難易度，非常值得大家挑戰。

倒三角形身材的組合餐，也是一個動作連續3回合後，休息90秒，然後再進行下一個動作。

START ▶132頁

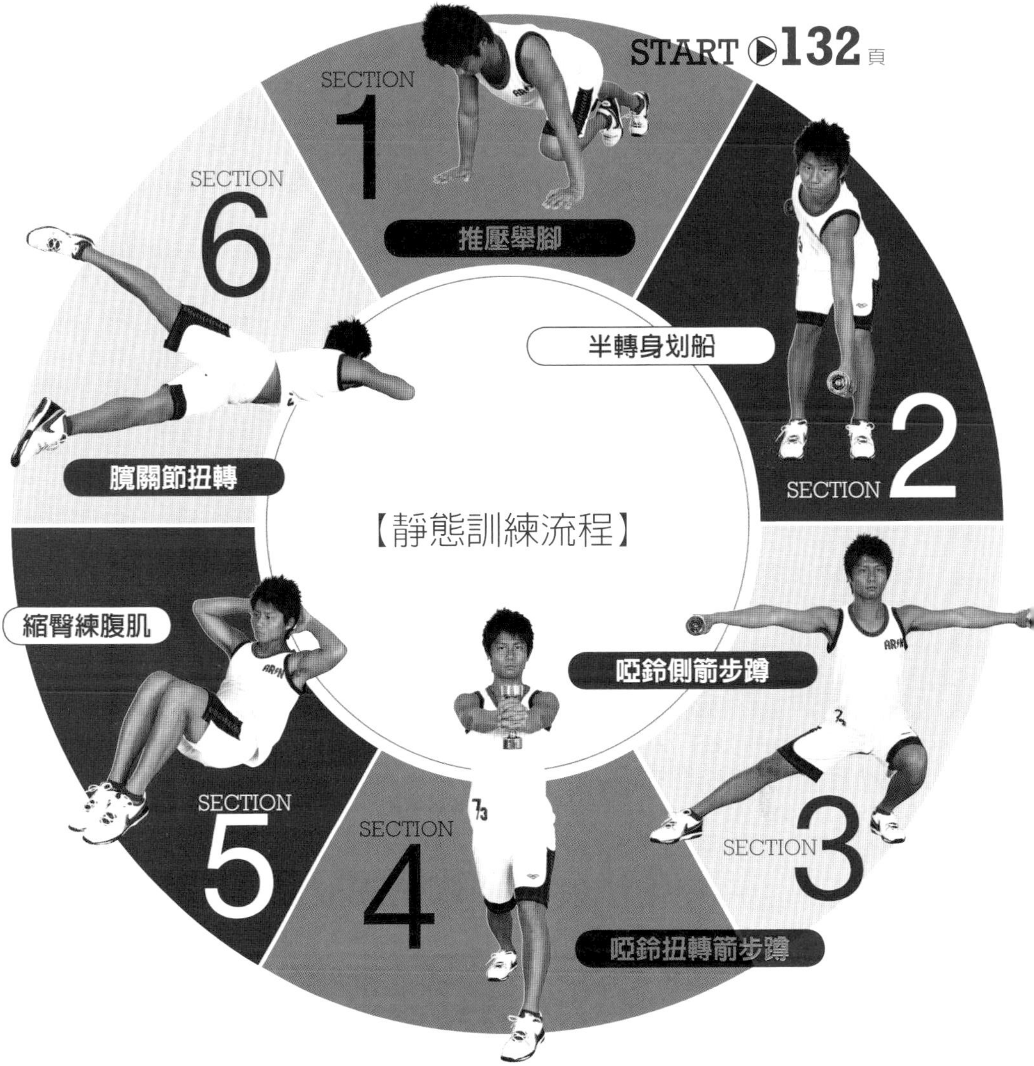

1	推壓舉腳	▶ ×12次	▶ ×3回合	▶ 休息90秒	▶ 下個動作
2	半轉身划船	▶ ×12次	▶ ×3回合	▶ 休息90秒	▶ 下個動作
3	啞鈴側箭步蹲	▶ ×12次	▶ ×3回合	▶ 休息90秒	▶ 下個動作
4	啞鈴扭轉箭步蹲	▶ ×12次	▶ ×3回合	▶ 休息90秒	▶ 下個動作
5	縮臀練腹肌	▶ ×12次	▶ ×3回合	▶ 休息90秒	▶ 下個動作
6	髖關節扭轉	▶ ×12次	▶ ×3回合		

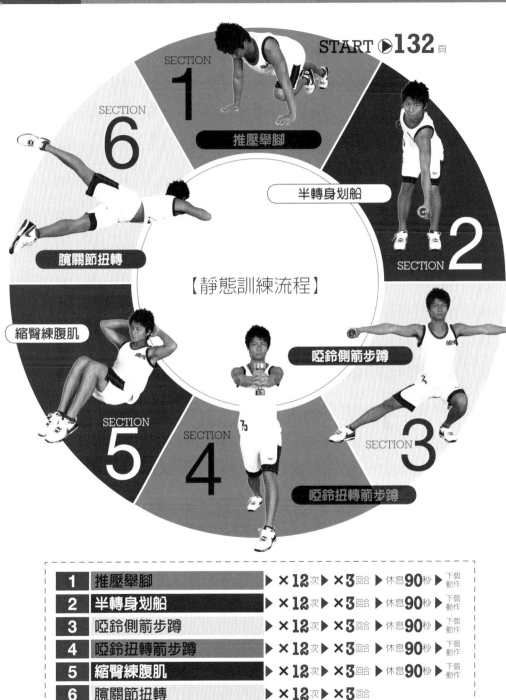

SECTION 1

伏地挺身加舉腳的組合

訓練重點

伏地挺身練上半身大胸肌，舉腳運動練腹肌

1 起始姿勢

先擺出伏地挺身的姿勢。視線看斜前方，身體要呈一直線。

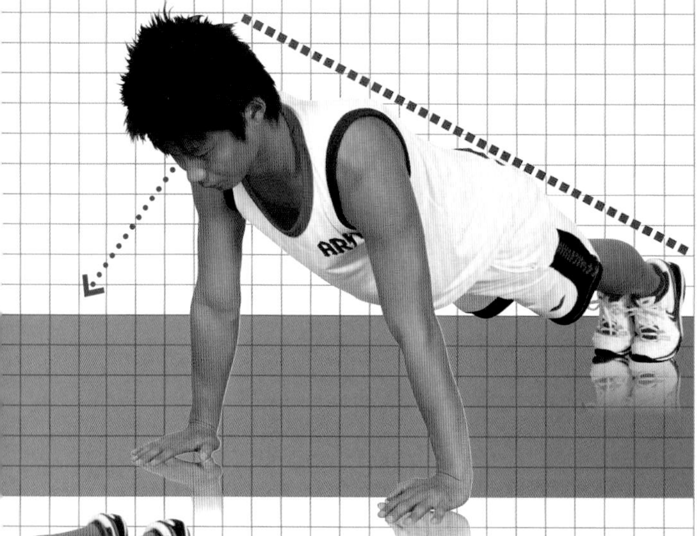

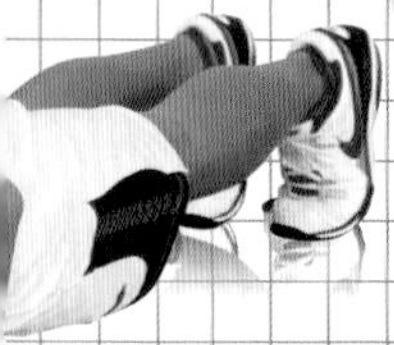

2 邊吐氣 邊彎曲手臂

邊吐氣數到3，邊彎曲手臂讓身體幾乎貼近地，手臂不要撐得太開。

鍛鍊部位！

- 胸大肌
- 腹肌

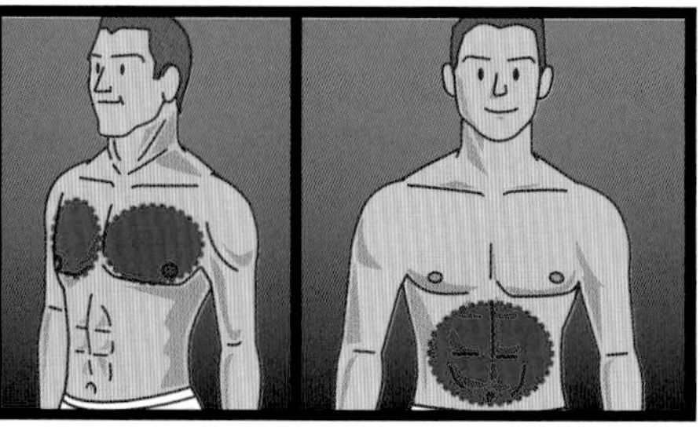

次數

節奏與動作

呼吸

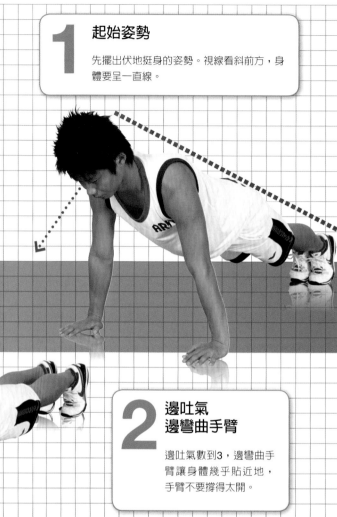

3 伸直手臂提舉單腳

邊吸氣數到3，邊伸直腳回到起始姿勢，然後再邊吐氣數到3，邊提舉單腳，最後再邊吸氣數到3，邊回復起始姿勢。提舉腳的時候，要注意身體還是保持一直線。

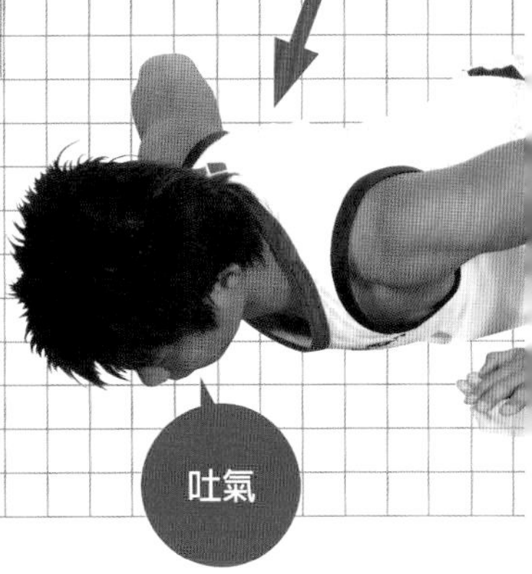

STEP UP↗

試著使用瑜珈球做做看！

瑜珈球上啞鈴肩上推舉

仰躺在瑜珈球上，啞鈴往上舉高，雙腳靠攏。

邊吸氣數到3，邊彎曲手肘90度，擺在身體側邊。然後再邊吐氣數到3，邊回復起始姿勢。共12次。

SECTION 2

腰部向前彎曲，手握啞鈴向上拉提。

訓練重點

手臂與身體的連續動作，鍛鍊背部肌肉與腹側肌群。

準備道具

●啞鈴（約5公斤）

1 起始姿勢

雙手各握一個啞鈴，膝蓋微微彎曲，腰部前彎，髖關節成90度。要注意背部不可彎曲。

吸氣

2 啞鈴往上拉提

不是只有手臂上提，而是要以脊柱為中心，稍微扭轉上半身，盡量往上拉提。然後再邊吐氣數到5，邊慢慢回復起始姿勢。

鍛鍊部位！

●背肌
●腹側肌群

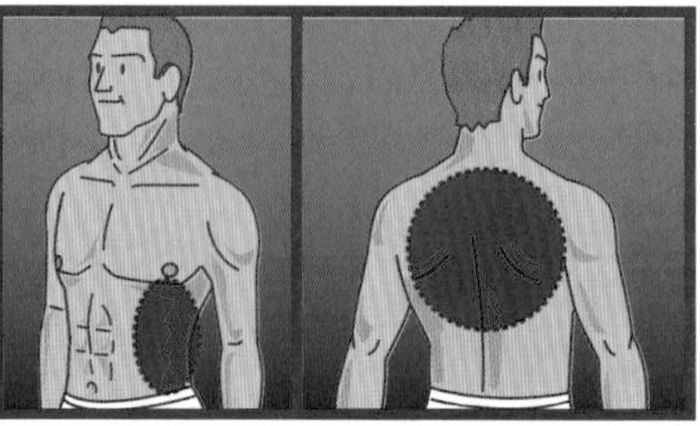

次數

●12次（單邊算1次，左右邊交換）

節奏與動作

●1、2、3、4、5往上拉提
●6、7、8、9、10回復原狀

呼吸

●1、2、3、4、5→吸氣
●6、7、8、9、10→吐氣

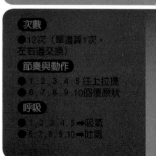

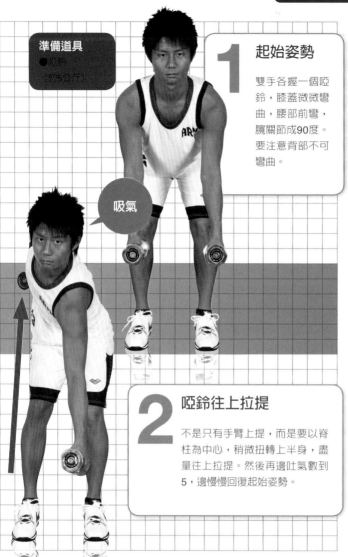

NG 姿勢

背部不可彎曲！

背部彎曲，視線就會朝下，這樣的姿勢不會有好效果，還會造成腰痛。

GOOD 姿勢

鍛鍊中要常保持背部挺直。視線朝前方，背部就自然不會彎曲。

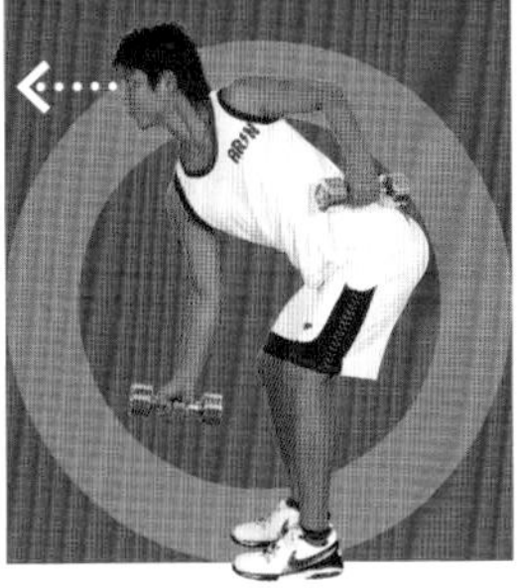

3 左右交換共12次

回到起始姿勢之後，換邊提舉啞鈴，單邊算1次，左右邊交換共12次。

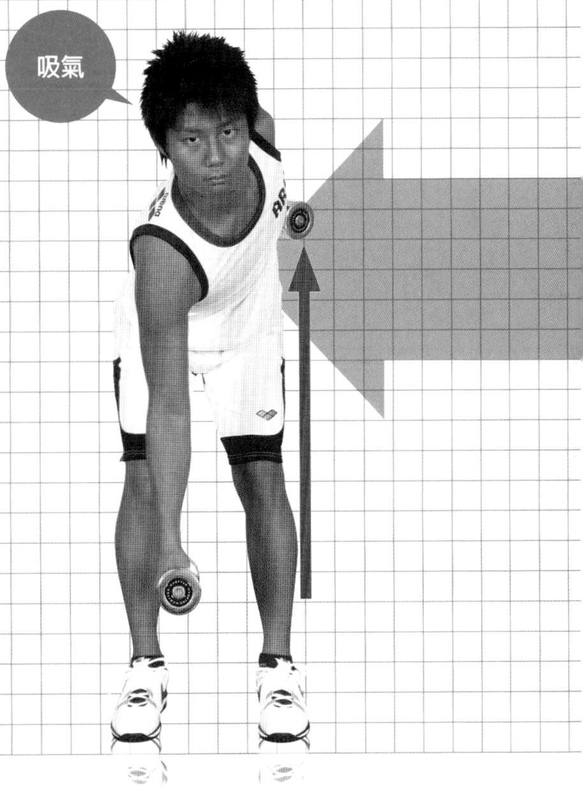

STEP UP↗

試著使用瑜珈球做做看！

俯趴瑜珈球，手握啞鈴鍛鍊背肌

雙手緊握啞鈴，俯趴在瑜珈球上。

邊吸氣數到3，邊挺直背部、雙手上提，然後再邊吐氣數到3，邊回復起始姿勢。共12次。

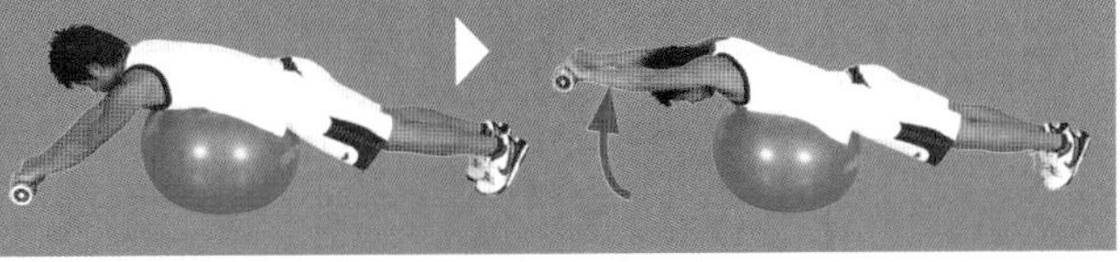

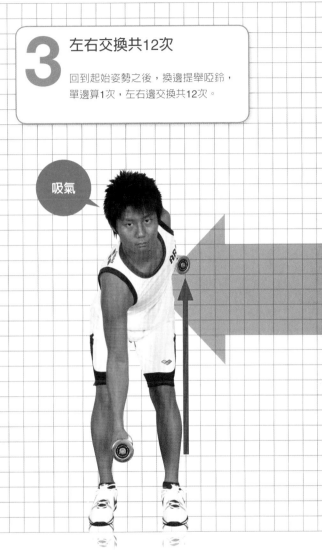

SECTION 3

雙手左右展開，單膝彎曲

訓練重點

訓練以三角肌為中心的上半身與下半身。

準備道具
●啞鈴
（約5公斤）

1 起始姿勢

雙手各握一個啞鈴，雙腳張開肩寬的兩倍。

2 單膝彎曲，雙手平舉

邊吐氣數到3，邊讓單邊膝蓋彎曲，身體往屈膝那一側平移。同時間，緊握啞鈴的雙手平舉至與肩膀同高。

鍛鍊部位！
●三角肌
●內側大腿

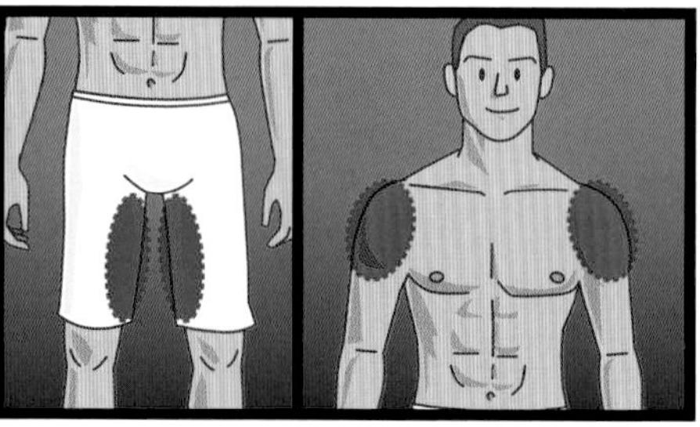

次數
●12次（單邊算一次，左右邊交換）

節奏與動作
●1、2、3 雙手平舉膝彎曲
●4、5、6 回復原狀

呼吸
●1、2、3→吐氣
●4、5、6→吸氣

3 左右邊交換

邊吸氣數到3，邊回復起始姿勢，動作完成算1次。接著再換邊。

NG姿勢 背部不可彎曲！

背部彎曲，腰部的負擔會加大。要注意視線落在地面上的話，背部就容易彎曲。

GOOD姿勢 背部伸直

視線保持在前方，背部要挺直。

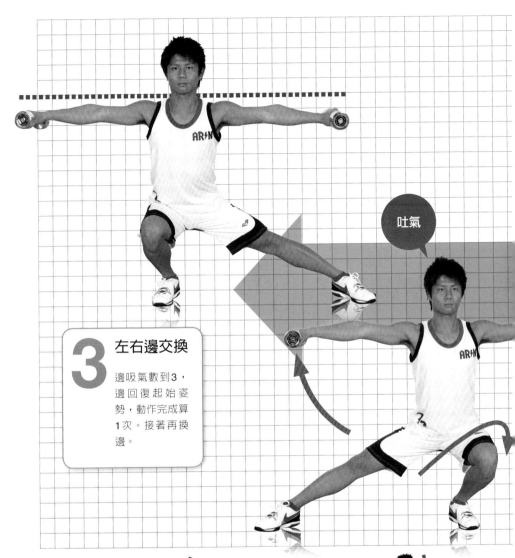

SECTION 4

雙腳前後打開，手握啞鈴，邊屈膝邊轉身。

訓練重點

同時鍛鍊下半身的股四頭肌、上半身的背肌，以及腹側肌群。

1 起始姿勢

雙腳前後打開，步伐大約肩寬的兩倍，雙手向前伸直緊握啞鈴，高度與肩同高。

準備道具

●啞鈴（約5公斤）

鍛鍊部位！

●大腿
●三角肌
●腹側肌群

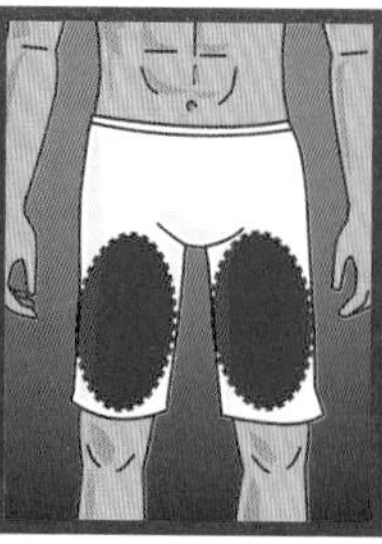

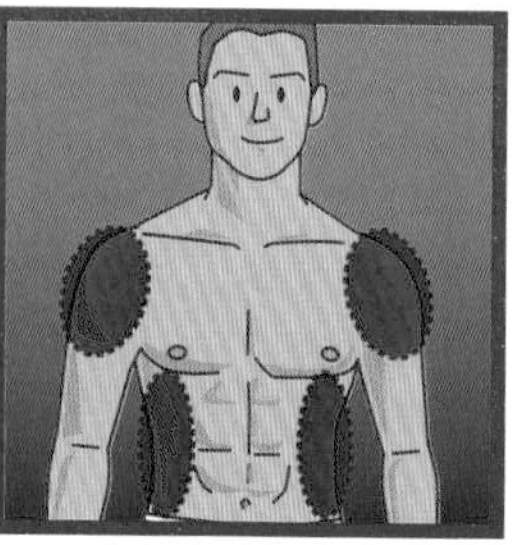

次數

●12次（單邊連續6次）

節奏與動作

●1、2、3 屈膝扭身
●4、5、6 回復原狀

呼吸

●1、2、3→吐氣
●4、5、6→吸氣

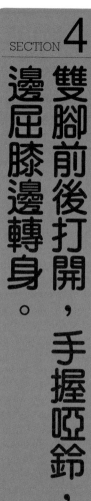

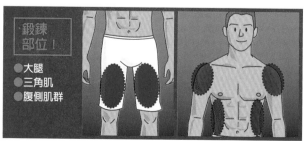

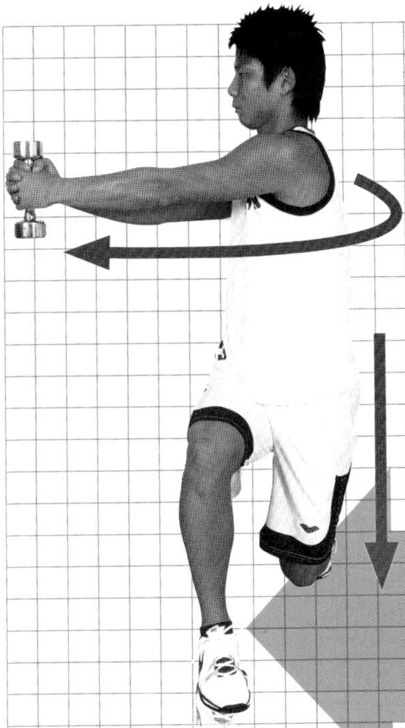

2 兩腳屈膝扭轉身體

邊吐氣數到3，邊兩腳屈膝，身體下沉。身體的前後位置不動，僅兩腳向下沉。同時，身體往前方腳那一側扭轉，緊握啞鈴的手也要跟著往側邊移動。也就是說不僅雙手往側邊移動，身體也要跟著扭轉。

3 左右各6次

邊吸氣數到3，邊回復起始姿勢，動作完成算1次。同一邊連續6次之後，再左右腳前後交換，換邊再6次。

NG 姿勢 身體不可向前傾斜！

身體向前傾，軸心就會偏離。若將重心太過置於前腳，軸心就會傾斜。

GOOD 姿勢 身體在兩腳中心位置

身體下沉時，頭部至腰部的軸心不可傾斜。要注意身體不可向前或向後傾。

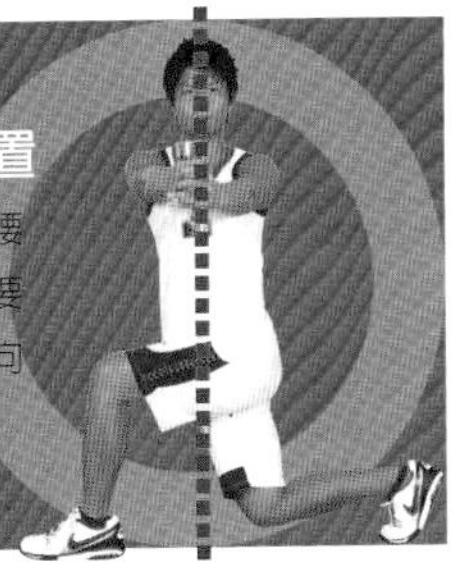

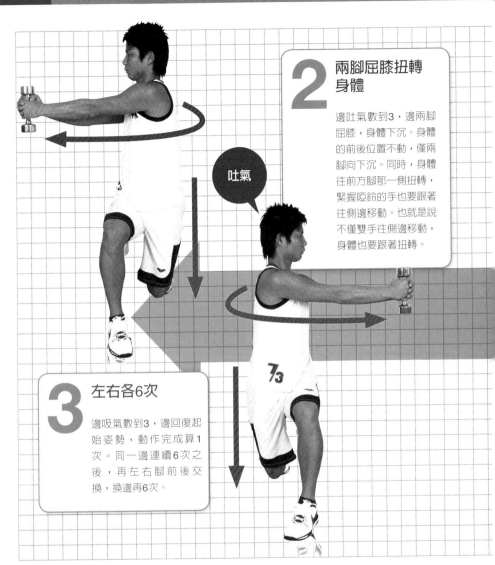

SECTION 5

雙腳腳掌密合，打開髖骨的腹肌運動

訓練重點

從下腹部到腹肌上半部，全面性地鍛鍊腹肌。

1 起始姿勢

仰躺，髖骨打開，雙腳腳掌合在一起，兩腳膝蓋彎曲呈90度。雙手置於腦後。

鍛鍊部位！

●整塊腹肌
●內側大腿

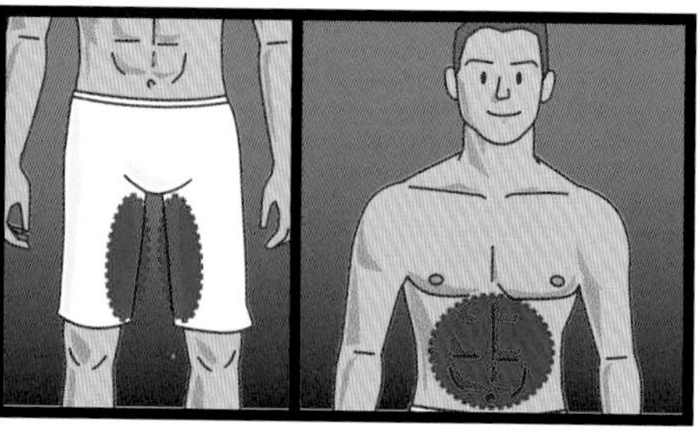

次數

● 12次

節奏與動作

● 1、2、3 起身
● 4、5、6 回復原狀

呼吸

● 1、2、3→吐氣
● 4、5、6→吸氣

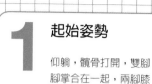

2 邊吐氣，邊抬起上半身

邊吐氣數到3，邊像仰臥起坐般抬起上半身。同時間要將髖骨合起來。

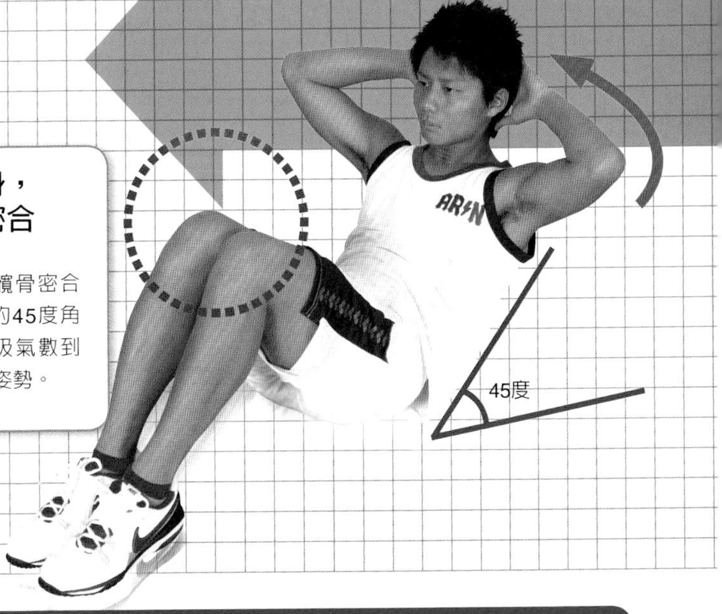

3 抬起上半身，髖骨完全密合

當雙腳靠攏，髖骨密合時，身體保持約45度角高。之後再邊吸氣數到3，邊回復起始姿勢。

POINT

抬起上半身維持45度角

抬起身體時，約抬高45度就好。如果身體負荷得了，以45度角停留5秒。

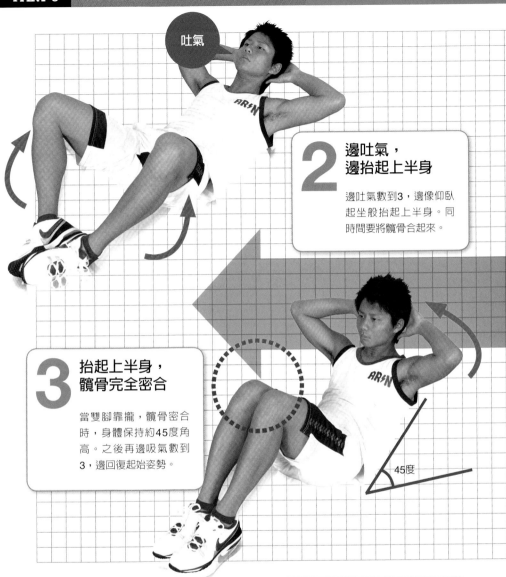

SECTION 6

俯趴，抬起單腳反向扭轉

訓練重點

綜合性地從背肌、腹側肌群一直鍛鍊至臀部。

1 起始姿勢

採俯趴姿勢，雙手置於下巴底下，手肘往兩側延伸。

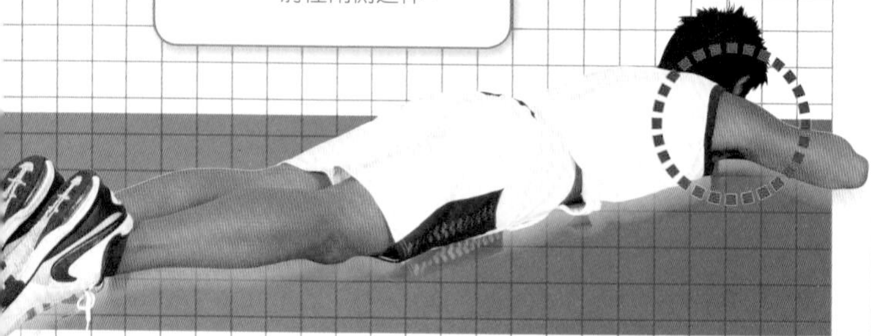

鍛鍊部位！

- 背肌
- 臀大肌
- 腹側肌群

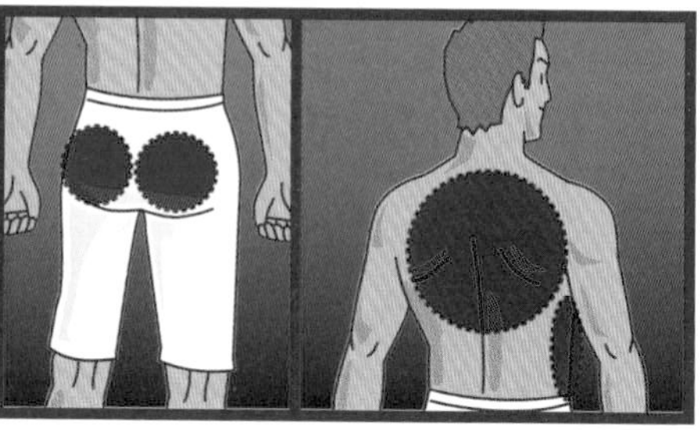

次數

- 12次（單邊算1次，左右[illegible]交換）

節奏與動作

- 1、2、3抬起
- 4、5、6回復原狀

呼吸

- 1、2、3→吸氣
- 4、5、6→吐氣

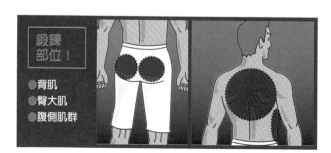

2 邊吸氣 邊抬單腳

邊吸氣邊抬單邊腳，抬腳時要意識臀部用力。

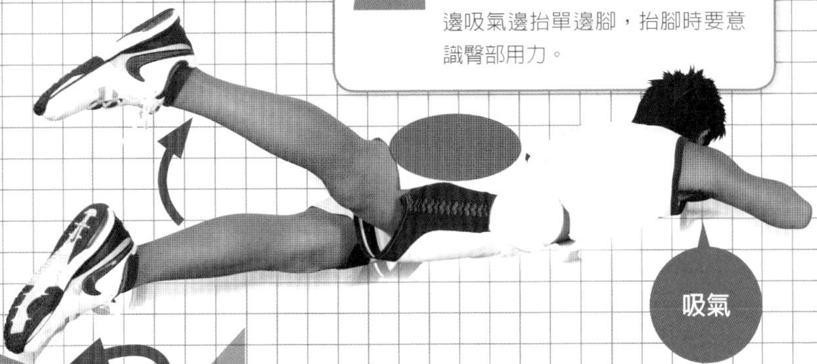

3 反向扭轉

持續剛才的邊吸氣邊抬腳，同時間還要將抬起的腳繞過身體上方往反向扭轉。這些動作要在數到3之前完成。手臂依然緊貼地面，抬起的腳盡可能扭轉，然後再邊吐氣數到3，回復起始姿勢。左右邊交換。

POINT

扭轉動作盡可能加大

在肩膀手臂緊貼地面的狀態下，盡可能加大腳部的扭轉動作。重點在於不利用反作用力，而是靠肌肉力量來扭轉。

如果利用反作用力，就會無法達到效果。盡量不要讓身體抬起，靠肌肉的力量來扭轉。

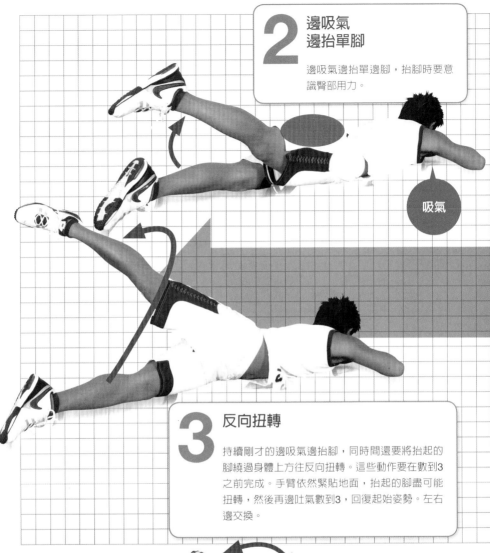

為身體注入朝氣的超級連續訓練組合篇

所需時間 50分

藉由加快心跳數的超級連續動作，同時間提高肌肉力量與代謝

超級連續訓練組合是可以在短時間內鍛鍊全身的運動組合餐。多種類的訓練項目，不停歇地持續動作，具有可以同時鍛鍊肌力和持久力的效果。

接連不斷的項目，不遺漏身體任何一個部位

所謂超級連續訓練組合，就是不休息，持續地運動全身各部位的肌肉，藉由這個訓練組合，可以同時鍛鍊肌肉力量和全身的持久力。

進行超級連續訓練組合時，要讓自己的心跳數保持某個程度的快速狀態。這樣才有一舉提高代謝的功效。

2星期1次或1個月1次，在身體之中注入生氣，如此一來，進行一般訓練時，也可以更有助於提昇代謝能力。要為身體加油打氣時，特別推薦這一個訓練組合餐。

1~7的運動項目，要在不休息的情況下一口氣逐一完成。如果可以繼續第2回合或第3回合，在每個回合間就要先休息2分鐘。

【超級連續訓練組合的流程】

START ▶146頁

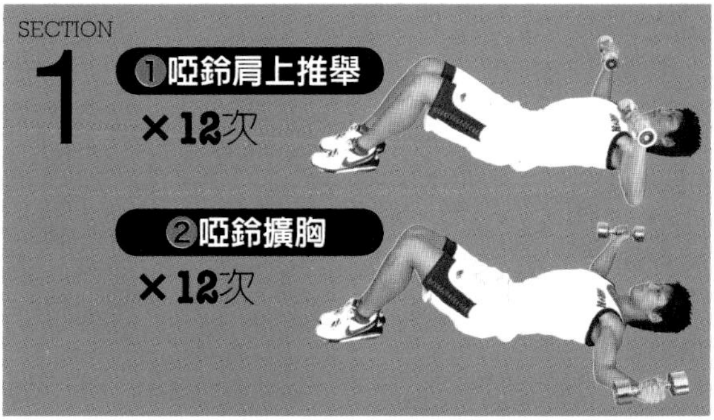

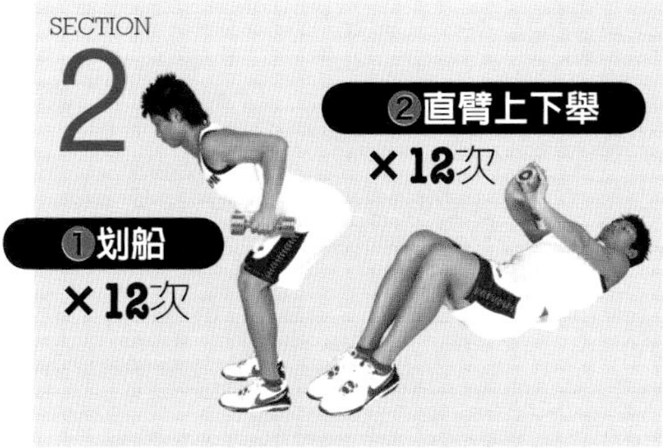

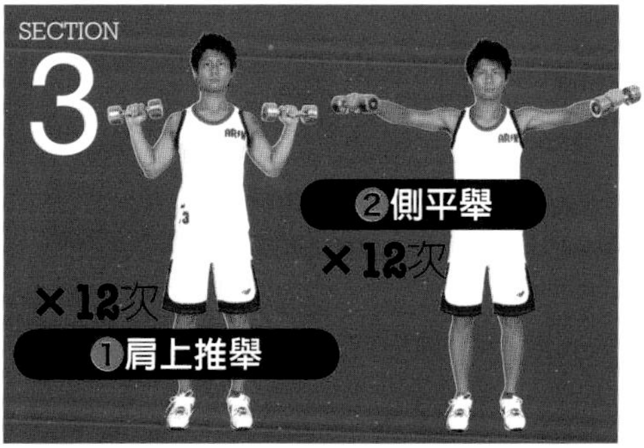

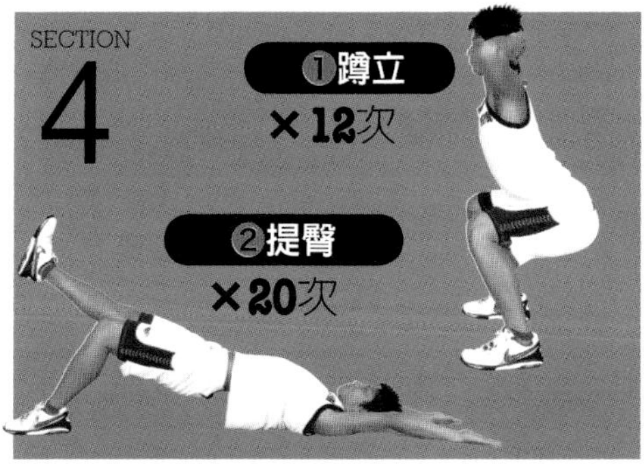

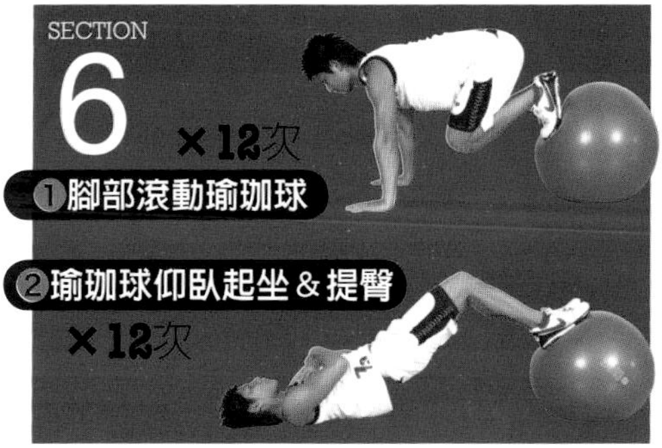

SECTION 1→❶

啞鈴肩上推舉

仰躺，手握啞鈴向上推舉

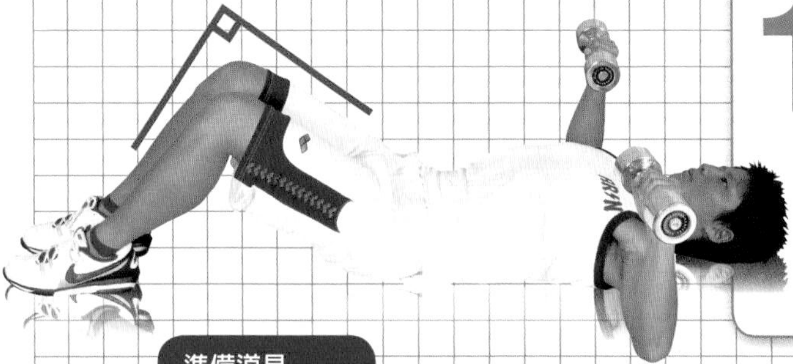

1 起始姿勢

先仰躺，雙腳膝蓋彎曲呈90度。雙手各握一個啞鈴，置於身體側邊，手臂與頭部呈90度直角，然後屈起手肘不著地。

準備道具

●啞鈴（5公斤）

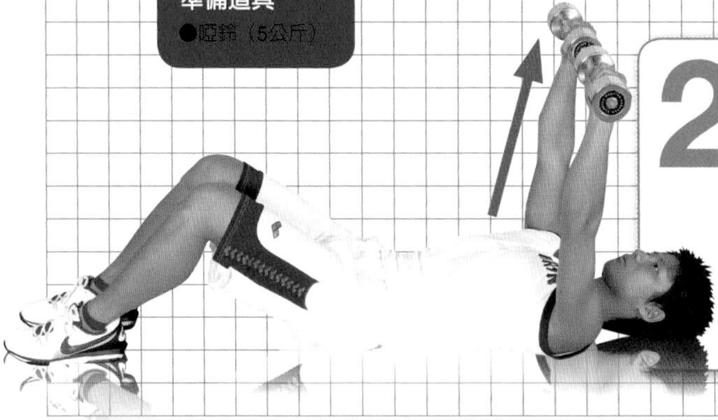

2 邊吐氣邊向上推舉啞鈴

邊吐氣數到5，邊向上推舉啞鈴。要意識使用胸大肌將啞鈴推舉上去。然後，再邊吸氣數到5，邊回復起始姿勢。

鍛鍊部位！

●胸大肌

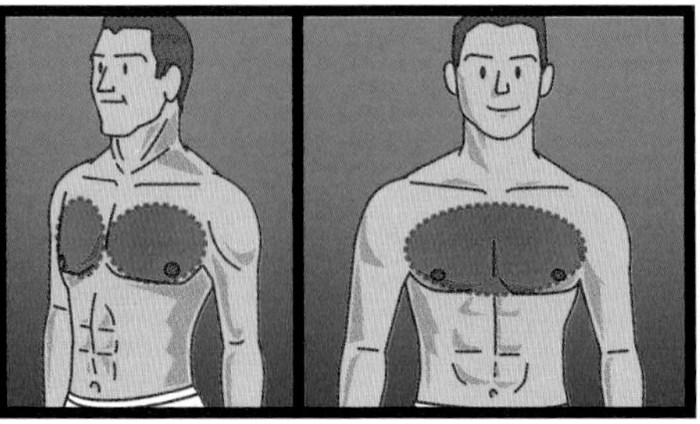

次數

●12次

節奏與動作

●1.2.3.4.5 向上推舉
●6.7.8.9.10回復原狀

呼吸

●1.2.3.4.5 ➡吐氣
●6.7.8.9.10➡吸氣

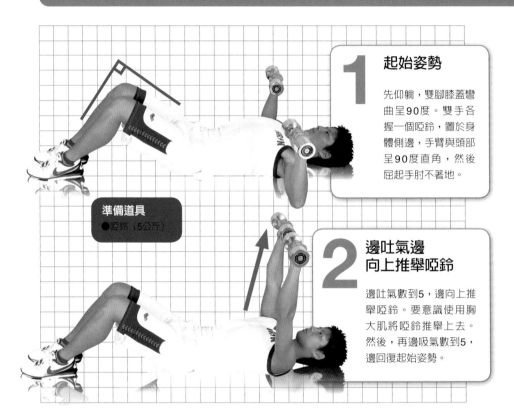

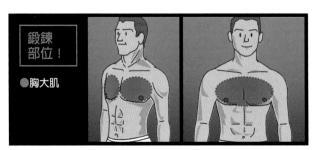

SECTION 1→2

啞鈴擴胸

手臂張開，將啞鈴往胸口上方抬舉

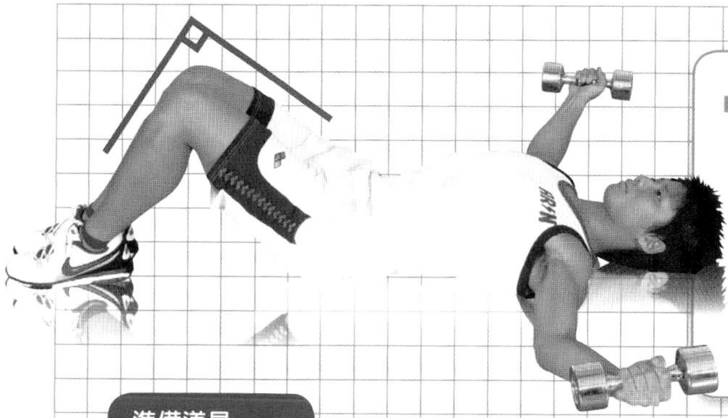

1 起始姿勢

先仰躺，雙腳膝蓋彎曲呈90度。手握啞鈴的手張開放在身體兩側，注意手臂不要著地，手肘微微彎曲。

準備道具
●啞鈴（5公斤）

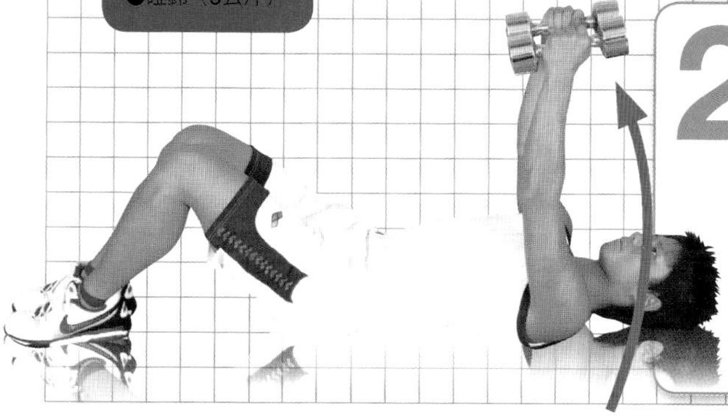

2 邊吐氣，邊將雙手抬舉至胸口上方

宛如將雙手靠攏的姿勢，邊吐氣數到5，邊將啞鈴上舉到胸口上方。手肘的角度固定不變。然後，再邊吸氣數到5回復起始姿勢。

鍛鍊部位！
●胸大肌

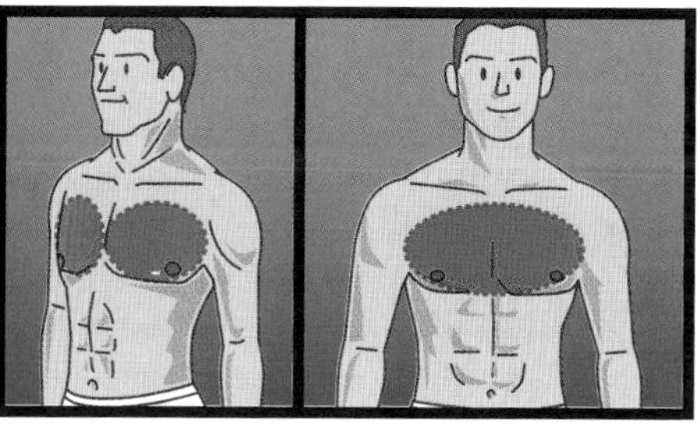

次數
●12次

節奏與動作
●1.2.3.4.5 雙手靠攏
●6.7.8.9.10回復原狀

呼吸
●1.2.3.4.5 ➡吐氣
●6.7.8.9.10➡吸氣

SECTION 2→❶

划船

使用背肌，上提啞鈴

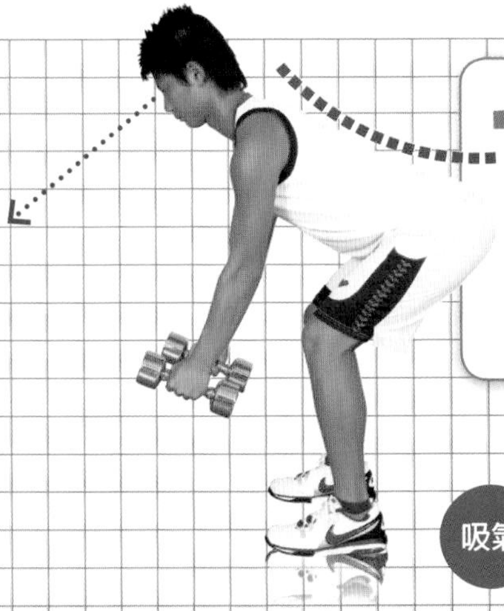

1 起始姿勢

雙手各握一個啞鈴，雙腳張開比肩稍寬。膝蓋與髖關節微屈，身體稍微向前傾。緊握啞鈴的雙手自然下垂。視線在斜前方，並非正下方。背部不彎曲，反而有點後折的感覺。

準備道具

●啞鈴（5公斤）

吸氣

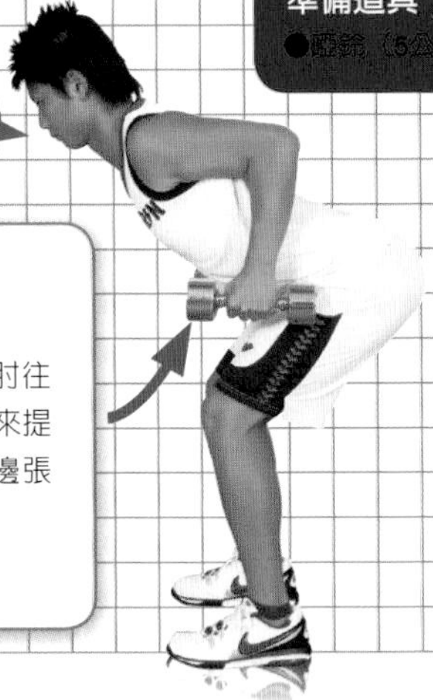

2 邊吸氣邊提舉啞鈴

邊吸氣數到5，邊提舉啞鈴。要有手肘往上提舉的感覺。要意識以背部的力量來提舉。手肘提舉時是往上，不要往側邊張開。邊吐氣數到5，邊回復起始姿勢。

鍛鍊部位！

●闊背肌
●腹側肌群
●肱二頭肌

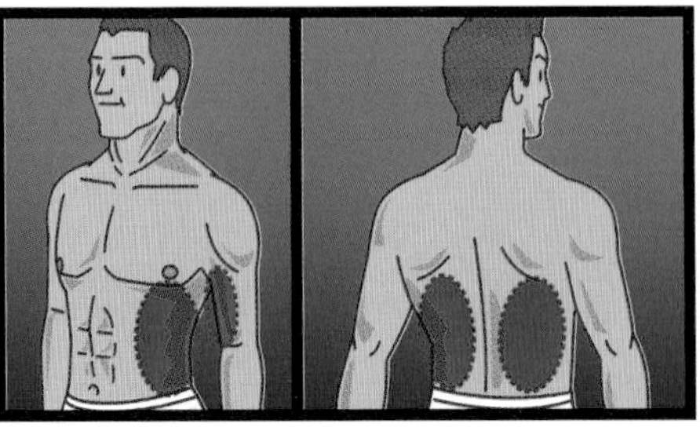

次數

●12次

節奏與動作

●1.2.3.4.5 提舉
●6.7.8.9.10回復原狀

呼吸

●1.2.3.4.5➡吸氣
●6.7.8.9.10➡吐氣

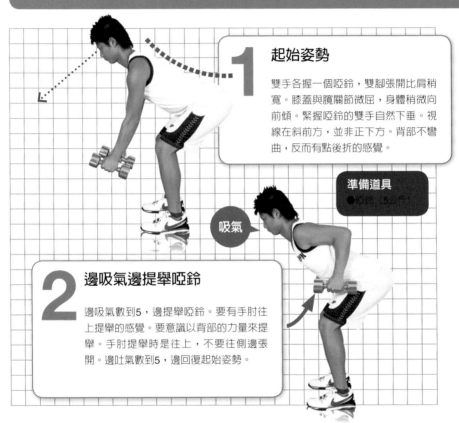

SECTION 2→2

直臂上下舉

伸直的雙手
從頭頂往胸前提舉

1 起始姿勢

先仰躺，膝蓋彎曲呈90度。雙手緊握啞鈴的同一側，要注意啞鈴不要著地，雙手往頭頂上方伸直。

2 邊吐氣 邊提舉啞鈴

邊吐氣，邊以肩膀為支點，像要繞圈的樣子將啞鈴提舉至身體上方。手肘保持伸直不彎曲。

3 繼續提舉 至肚臍上方

啞鈴提舉至身體上方後，要繼續像繞圈似地提舉至肚臍上方才停止。從起始姿勢到這個步驟完成，是從1數到5。然後，再邊吸氣數到5，邊回復起始姿勢。

準備道具

●啞鈴（5公斤）

鍛鍊部位！

●大胸肌
●闊背肌

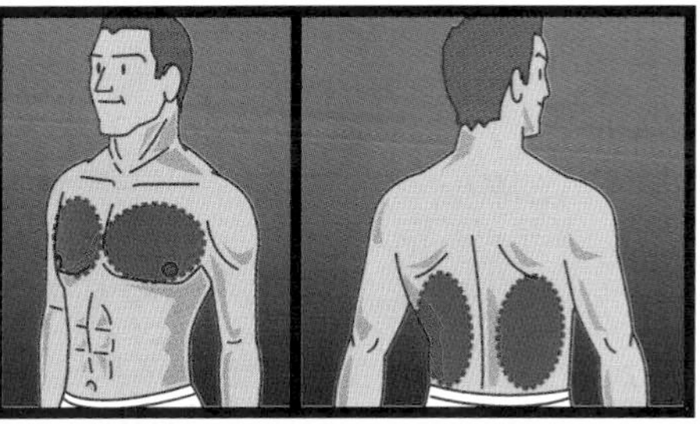

次數

●12次

節奏與動作

●1.2.3.4.5 雙手靠攏
●6.7.8.9.10回復原狀

呼吸

●1.2.3.4.5→吐氣
●6.7.8.9.10→吸氣

SECTION 3→❶

肩上推舉

立姿，
雙手握啞鈴舉到頭頂上

1 起始姿勢

雙腳張開與肩同寬，雙手的啞鈴舉在與肩膀同高的地方。啞鈴在身體的兩側，視線朝正前方。

2 邊吐氣，邊將啞鈴推舉至頭頂上

邊吐氣數到5，邊將啞鈴推舉至頭頂上。啞鈴的角度不變，直接往上推舉。然後，再邊吸氣邊回復起始姿勢。

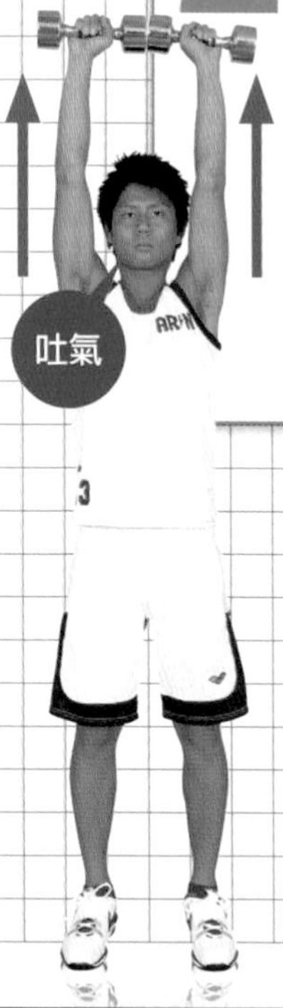

準備道具

●啞鈴（5公斤）

鍛鍊部位！

●三角肌
●肱三頭肌

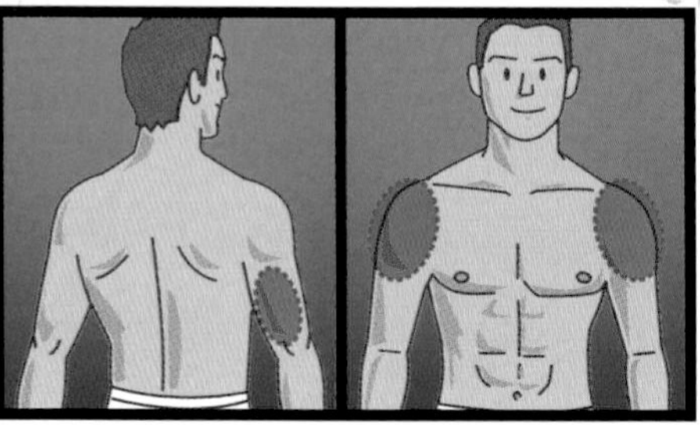

次數

●12次

節奏與動作

●1.2.3.4.5 推舉
●6.7.8.9.10回復原狀

呼吸

●1.2.3.4.5 ➡吐氣
●6.7.8.9.10➡吸氣

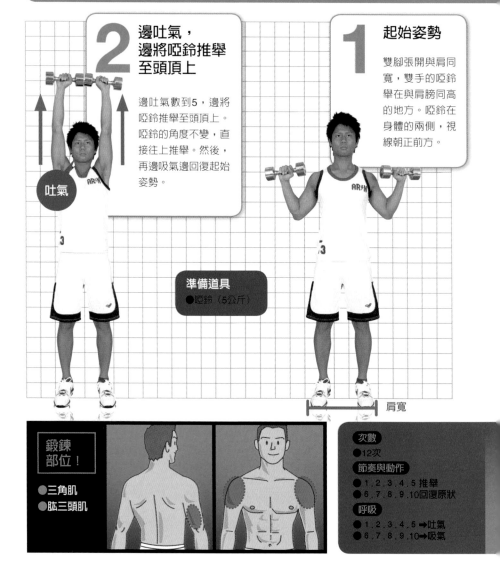

SECTION 3→2

側平舉

站立姿勢，雙手左右平舉

1 起始姿勢

雙腳張開與肩同寬，雙手各握一個啞鈴，手肘微微彎曲。

2 邊吐氣，邊張開雙手與肩同高

邊吐氣數到5，邊以肩膀為支點張開雙手，將啞鈴平舉至與肩膀同高。手肘的角度固定不變。然後，邊吸氣數到5，邊回復起始姿勢。

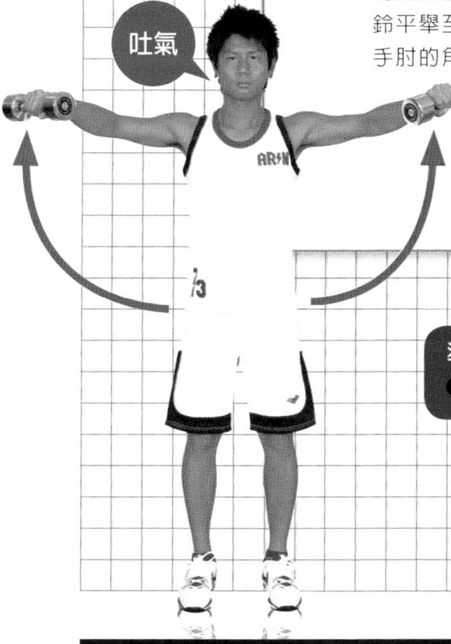

準備道具

●啞鈴（5公斤）

鍛鍊部位！

●三角肌
●斜方肌

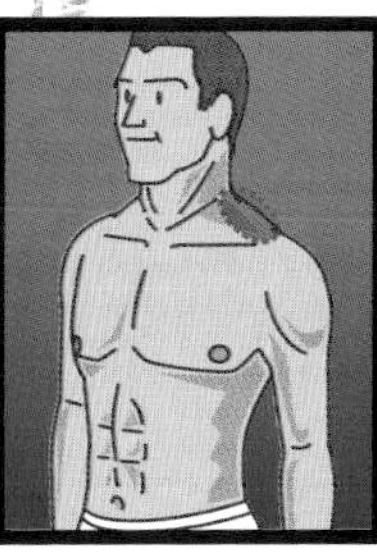

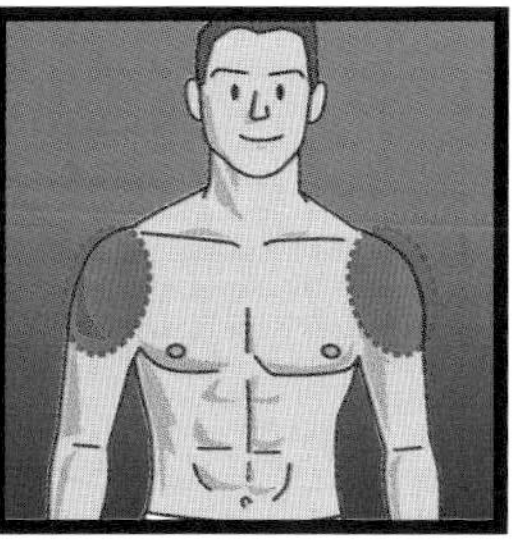

次數

●12次

節奏與動作

●1.2.3.4.5 平舉
●6.7.8.9.10回復原狀

呼吸

●1.2.3.4.5 ➡吐氣
●6.7.8.9.10➡吸氣

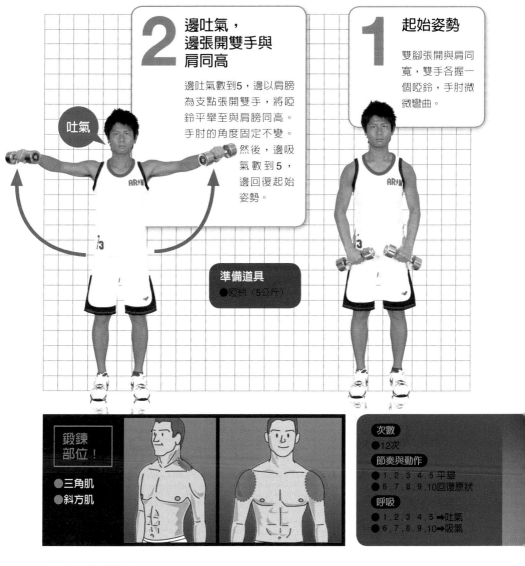

SECTION 4→❶

蹲立

彎曲髖關節與膝蓋，身體上下蹲

1 起始姿勢

雙腳張開比肩幅稍寬，雙手枕於腦後，視線朝正前方。

2 邊吸氣，邊彎曲膝蓋下蹲

邊吸氣數到5，邊彎曲膝蓋向下蹲。挺胸，背部不彎曲。蹲下時腳跟不離地，大腿與地面平行，然後再邊吐氣數到5，邊回復起始姿勢。

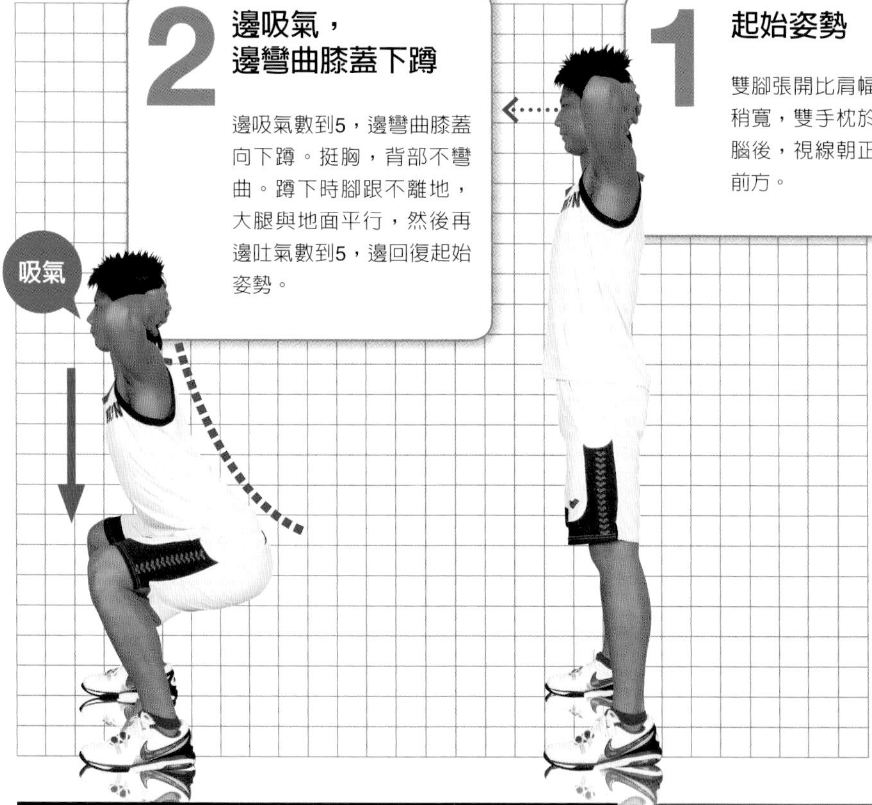

鍛鍊部位！

- 背肌
- 大腿
- 臀大肌

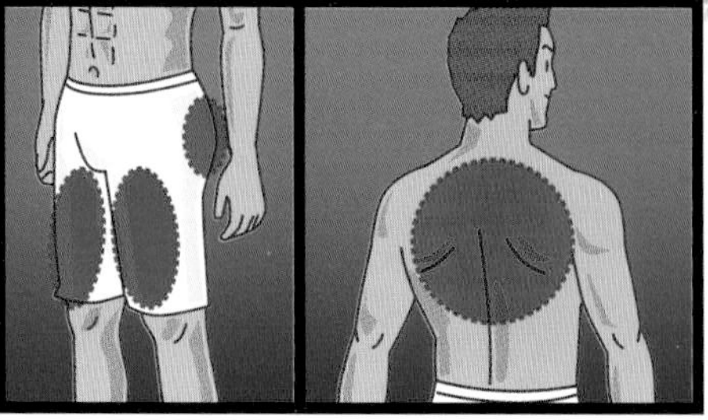

次數

- 12次

節奏與動作

- 1.2.3.4.5 蹲
- 6.7.8.9.10回復原狀

呼吸

- 1.2.3.4.5 ➡吸氣
- 6.7.8.9.10➡吐氣

SECTION 4→❷

提臀

仰躺，腰部離地，單腳伸直

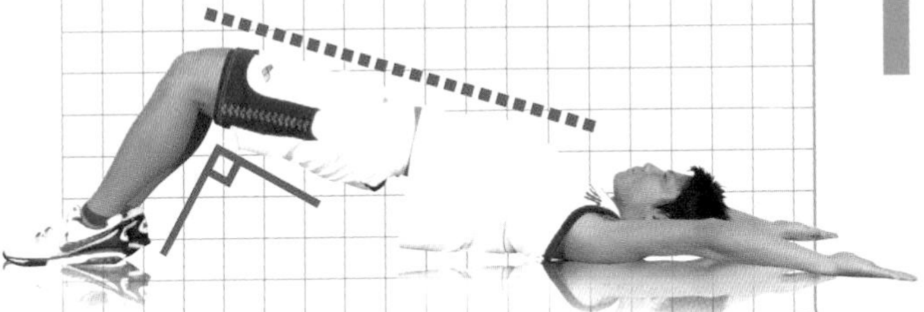

1 起始姿勢

先仰躺，膝蓋彎曲呈90度。雙手向頭頂上方伸直，保持平衡，然後腰部離地，讓身體與膝蓋呈一直線。

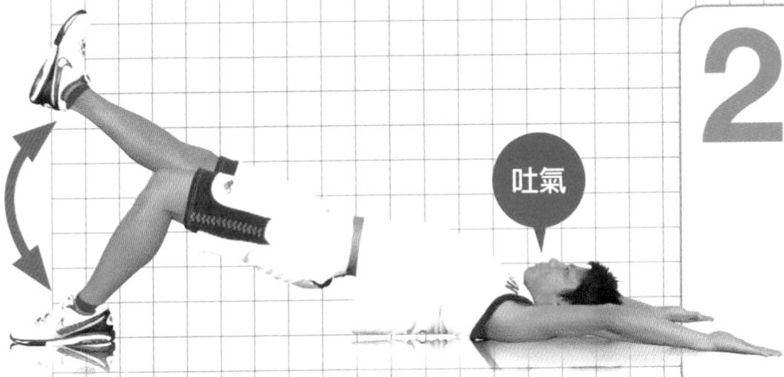

2 邊吐氣 邊單腳伸直

在腰部離地的狀態下，邊吐氣數到5邊將單邊腳伸直，然後再邊吸氣數到5，回復原本的姿勢。單腳伸直算1次，左右交換共20次。

鍛鍊部位！

- 整塊腹肌
- 大腿
- 臀大肌

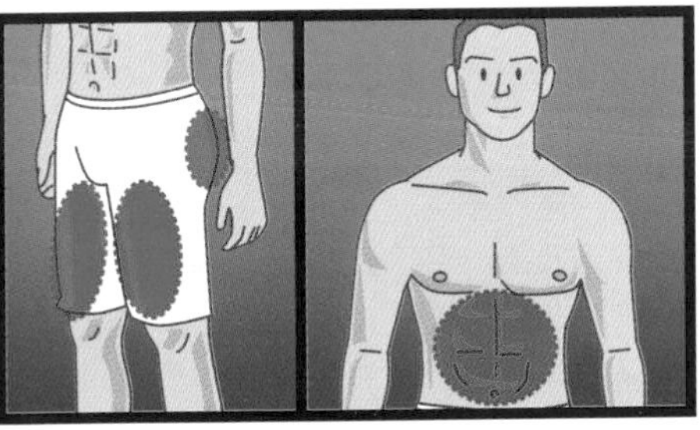

次數

- 20次（單邊算1次，左右邊交換）

節奏與動作

- 1、2、3、4、5 上提
- 6、7、8、9、10回復原狀

呼吸

- 1、2、3、4、5 ➡吐氣
- 6、7、8、9、10➡吸氣

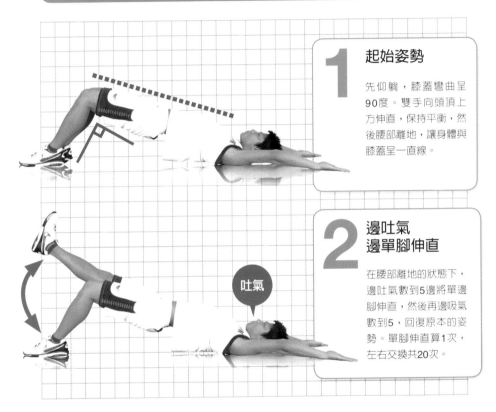

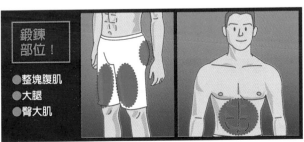

SECTION 5→❶

仰臥起坐

抬起上半身，停留5秒

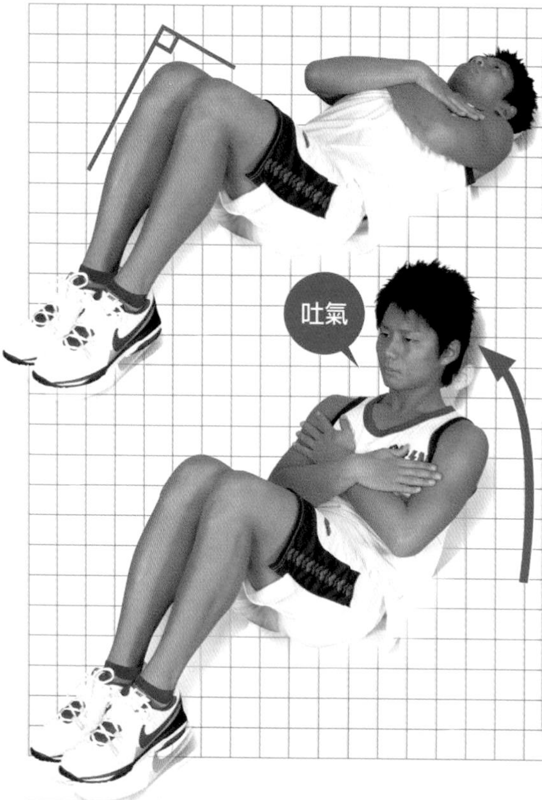

1 起始姿勢

先仰躺，膝蓋彎曲呈90度。雙手交叉置於胸前。

2 邊吐氣，邊仰臥起坐

邊吐氣數到5，邊收縮整塊腹肌。抬起肩膀，背部彎曲。達到自己的極限之後，停留5秒，然後再邊吸氣數到5，邊回復起始姿勢。

鍛鍊部位！

●整塊腹肌

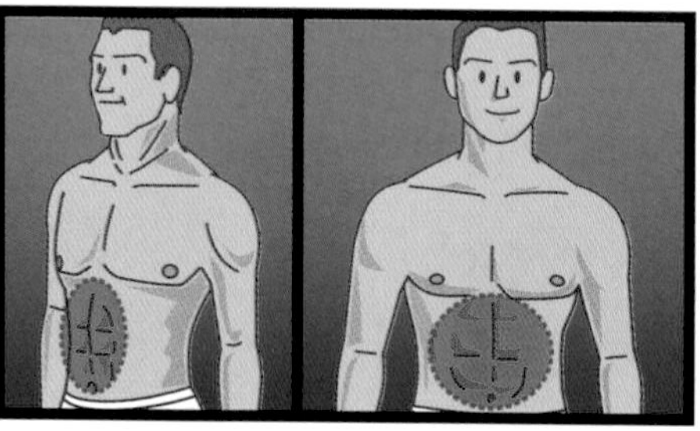

次數

●12次

節奏與動作

● 1、2、3、4、5 抬起上半身
● 停留 5 秒
● 6、7、8、9、10回復原狀

呼吸

● 1、2、3、4、5 ➡吐氣
● 停留 5 秒：吐氣
● 6、7、8、9、10➡吸氣

SECTION 5→2

跳躍啞鈴扭轉箭步蹲

跳躍，上半身左右扭轉

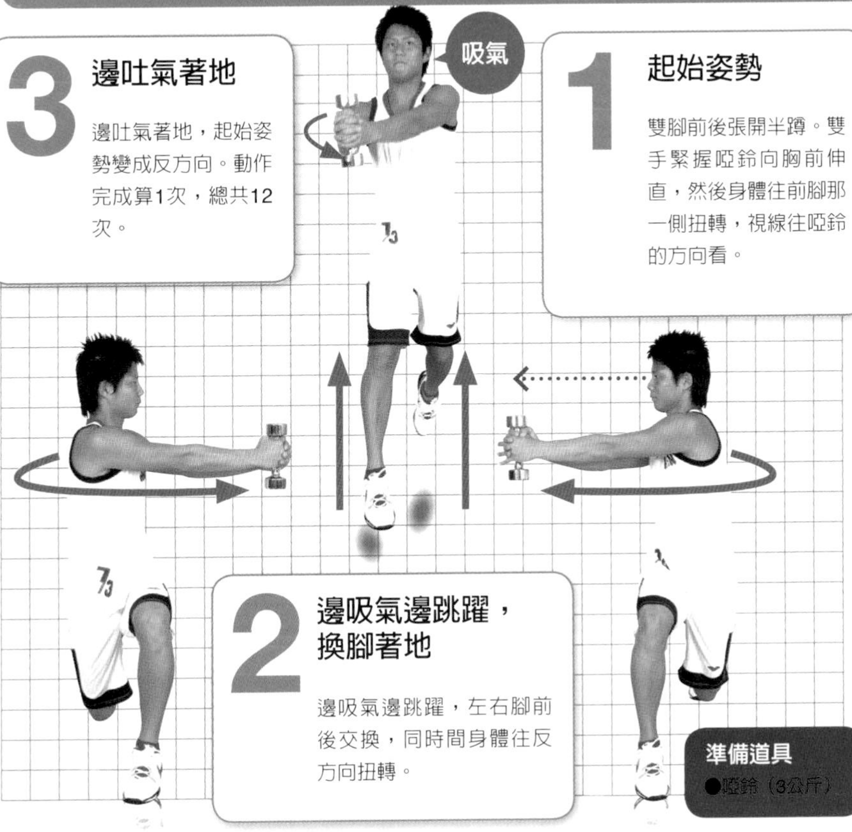

1 起始姿勢

雙腳前後張開半蹲。雙手緊握啞鈴向胸前伸直，然後身體往前腳那一側扭轉，視線往啞鈴的方向看。

2 邊吸氣邊跳躍，換腳著地

邊吸氣邊跳躍，左右腳前後交換，同時間身體往反方向扭轉。

3 邊吐氣著地

邊吐氣著地，起始姿勢變成反方向。動作完成算1次，總共12次。

準備道具

●啞鈴（3公斤）

鍛鍊部位！

●大腿
●腹側肌群
●闊背肌

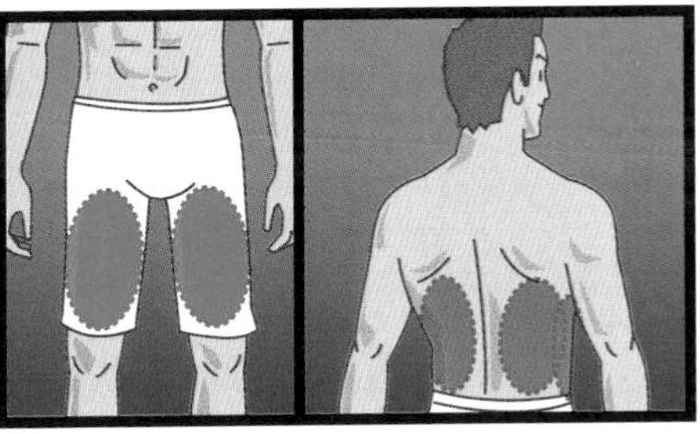

次數

●12次（單邊算1次，左右邊交換）

節奏與動作

● 1 跳躍
● 2 著地

呼吸

● 1➡吸氣
● 2➡吐氣

SECTION 6→❶

腳部滾動瑜珈球

伏地挺身姿勢，腳部滾動瑜珈球

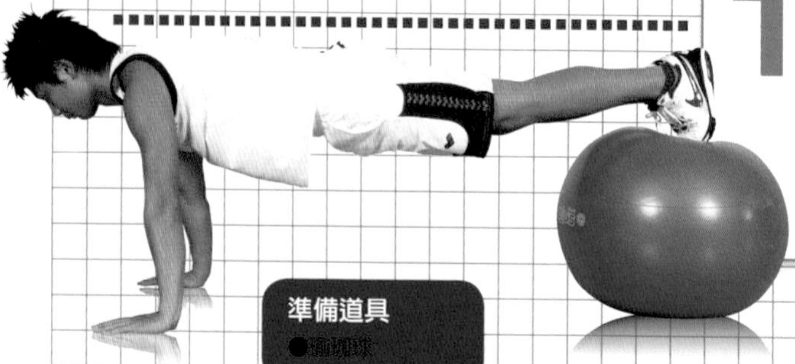

1 起始姿勢

雙腳立在瑜珈球上，身體採伏地挺身的姿勢。雙手張開與肩同寬，身體要呈一直線。

準備道具

●瑜珈球

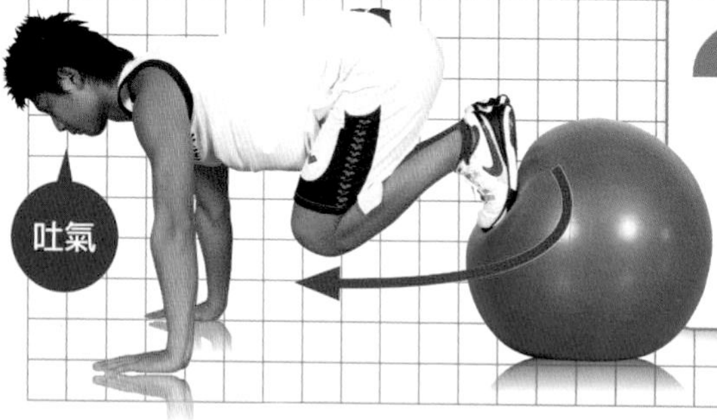

2 邊吐氣 邊滾動瑜珈球

邊吐氣數到5，邊彎曲膝蓋與髖關節，雙腳往胸前拉近。並利用雙腳將瑜珈球向前滾動。然後再邊吸氣數到5，邊回復起始姿勢。

鍛鍊部位！

●大胸肌
●腹肌下部
●闊背肌

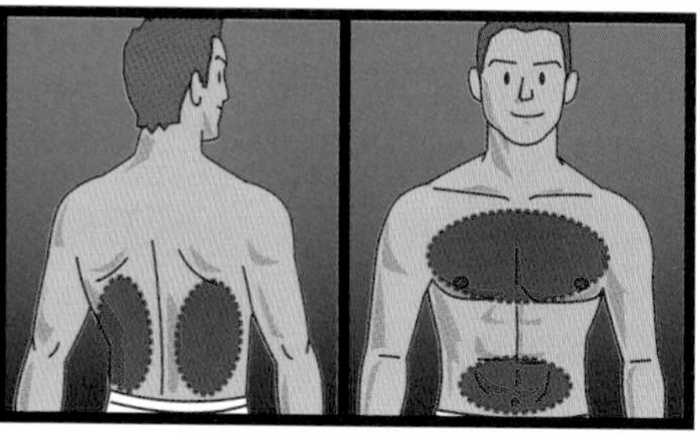

次數

●12次

節奏與動作

●1、2、3、4、5彎曲身體
●6、7、8、9、10回復原狀

呼吸

●1、2、3、4、5➡吐氣
●6、7、8、9、10➡吸氣

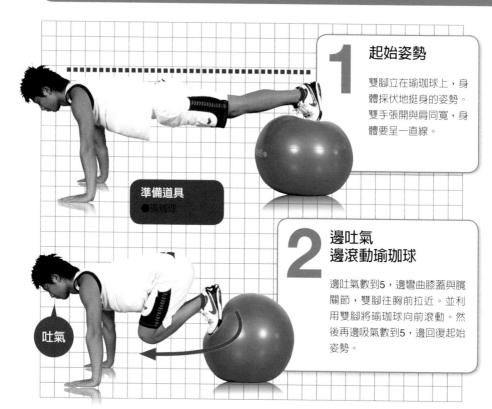

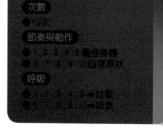

SECTION 6→2

瑜珈球仰臥起坐＆提臀

踏瑜珈球，腰離地，身體彎起來

準備道具
●瑜珈球

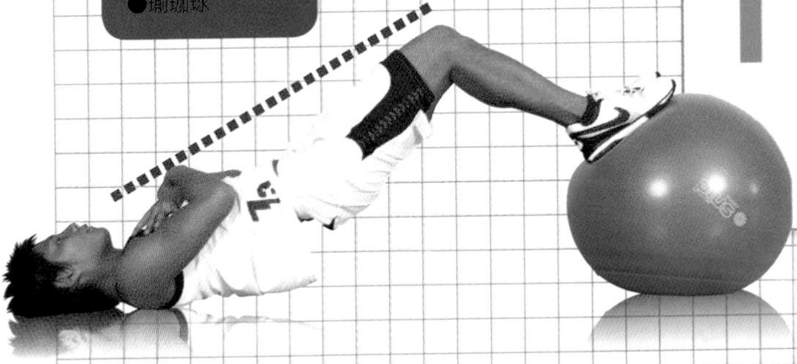

1 起始姿勢

先仰躺，雙腳置於瑜珈球上。雙手交叉置於胸前。腰離地，從膝蓋到肩膀呈一直線。

2 邊吐氣邊弓起上半身

邊吐氣數到5，慢慢將腰落地，然後收縮腹肌讓臉靠近膝蓋。然後再邊吸氣數到5，邊回復起始姿勢。

鍛鍊部位！
●整塊腹肌
●闊背肌

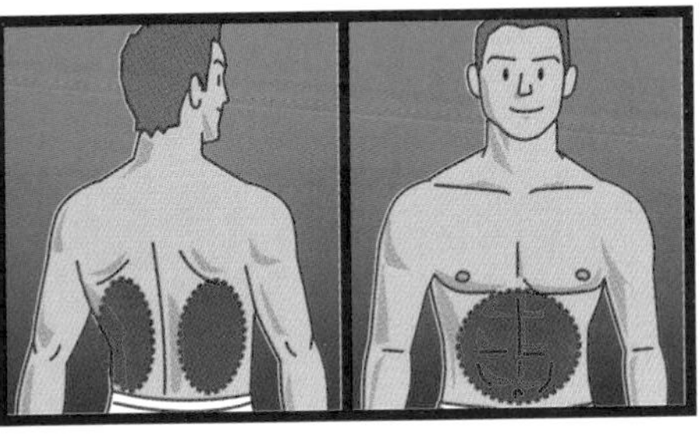

次數
●12次

節奏與動作
●1.2.3.4.5彎曲身體
●6.7.8.9.10回復原狀

呼吸
●1.2.3.4.5➡吐氣
●6.7.8.9.10➡吸氣

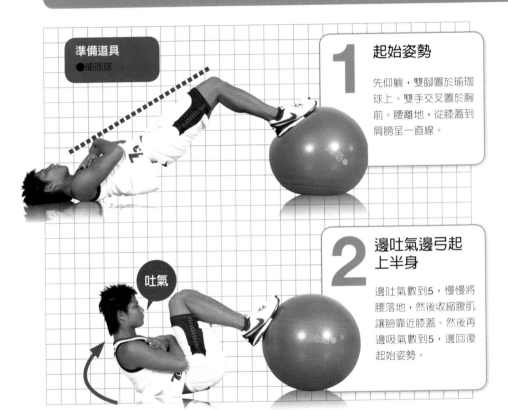

SECTION 7→❶

仰臥起坐扭轉

增加上半身扭轉的特別腹肌運動

準備道具

●啞鈴（1～3公斤）

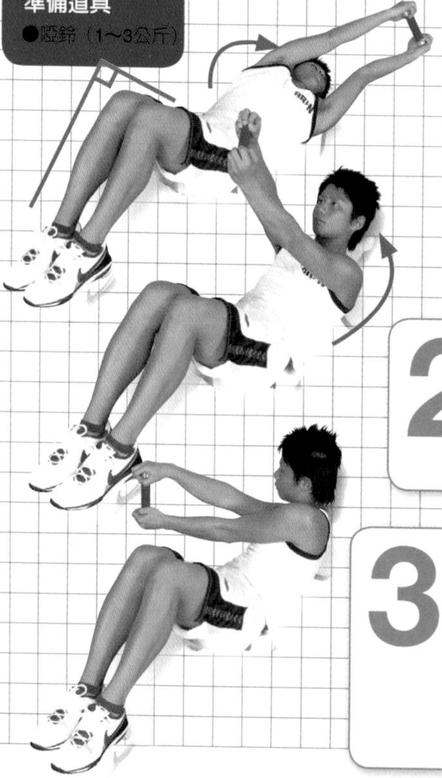

1 起始姿勢

先仰躺，兩腳膝蓋彎曲呈90度。雙手各緊握啞鈴的一側，然後往頭頂上方伸直。胸口以上的部分扭轉，單邊肩膀著地。因身體扭轉的關係，啞鈴的方向呈直立。

2 邊吐氣，邊起身

一邊將身體回正，一邊收縮腹肌抬起上半身。這時，呼吸的部分是吐氣。

3 往反方向扭轉

雙手及上半身與起始姿勢相反，要往反方向扭轉。雙手要扭轉至膝蓋外側。啞鈴則與起始姿勢時上下顛倒。從起始姿勢到這個動作是從1數到5。然後再邊吸氣數到5回復起始姿勢。

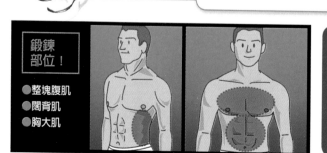

鍛鍊部位！

●整塊腹肌
●闊背肌
●胸大肌

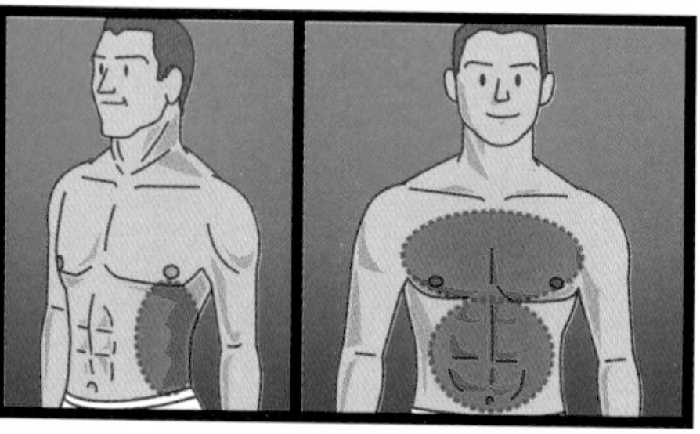

次數

●24次（單邊各12次）

節奏與動作

●1，2，3，4，5 起身
●6，7，8，9，10回復原狀

呼吸

●1，2，3，4，5➡吐氣
●6，7，8，9，10➡吸氣

SECTION 7→2

扭轉側邊箭步蹲

面向側邊，箭步蹲運動

1 起始姿勢

雙腳張開約肩膀的兩倍寬，雙手置於腦後。

2 邊吸氣邊將身體轉向側面

維持姿勢，邊吸氣邊將身體轉向側面。

3 箭步蹲

箭步蹲讓膝蓋靠近地面。身體挺直維持平衡。從起始姿勢到這個動作是從1數到3。然後再邊吐氣數到3回復起始姿勢。一邊連續12下後換邊。

鍛鍊部位！

- 大腿
- 腹側肌群

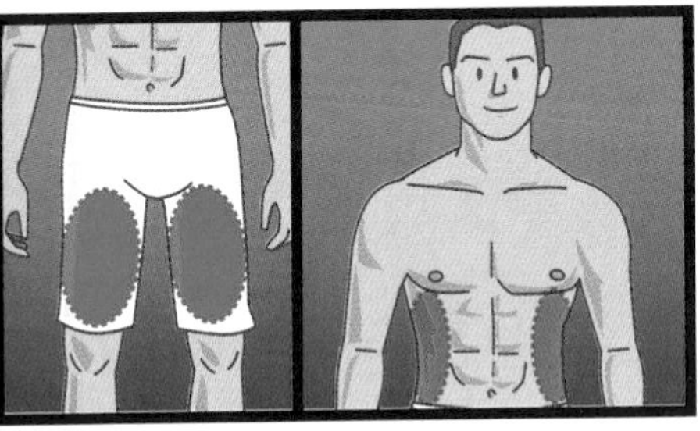

次數

- 24次（單邊連續12次）

節奏與動作

- 1．2．3 箭步蹲
- 4．5．6 回復原狀

呼吸

- 1．2．3➡吸氣
- 4．5．6➡吐氣

COLUMN 5

依職業類型不同的訓練方式
肌肉勞動者篇

職業類型不同的訓練方式，最後要介紹的是土木、建築等勞動工作者篇。所謂勞動工作者，這裡設定的是持續搬運重物，大量使用肌肉的工作人員。

一整天使用肌肉工作，血液容易囤積在頻繁使用的部分肌肉裡，而且，也因為疲勞的關係，那部分的肌肉容易僵硬。因此，勞動工作者篇的訓練方式，重點就在於「伸展」。

對於僵硬的肌肉，伸直延展是非常重要的。肌肉一旦僵硬，關節的可動範圍就會縮小。而關節可動範圍縮小，就意指肌肉的運動量會減少。為了使訓練的效果發揮到最大，就要盡可能擴展可動關節的範圍，增加肌肉的運動量。另外，不僅為了訓練效果，也為了消除肌肉的疲勞，伸展僵硬的肌肉也是十分重要。

除此之外，不要一下子就進入訓練狀態，要藉由步行等輕度的有氧運動來加快血液循環，如此一來也能提升訓練效果。讓肌肉過度使用所產生的疲勞物質能藉由血液循環快速帶走。

亦或是在工作之前，先進行這些訓練也可以。藉由訓練來促使脂肪燃燒，讓脂肪較平常易於轉化為能量。

PART 6

上班途中、工作中也做得到的簡單訓練

抽不出時間進行訓練，
昨天偷懶沒做訓練，為了這種情況，
特別設計上班途中、工作中也能輕鬆做到的訓練組合餐。
有了這套訓練組合餐，
公事包也能變成啞鈴，辦公室也能變成健身房。

SECTION 1

辦公椅上提腳

坐在辦公椅上，雙腳往上提

1 起始姿勢

坐在辦公椅上，雙腳靠攏。雙手交叉置於胸前。

2 雙腳往上提舉

邊吐氣數到3，邊提舉雙腳。邊吸氣數到3，邊放下。這時候，盡量保持背部與大腿垂直。

準備道具

●辦公椅

鍛鍊部位！

●整塊腹肌

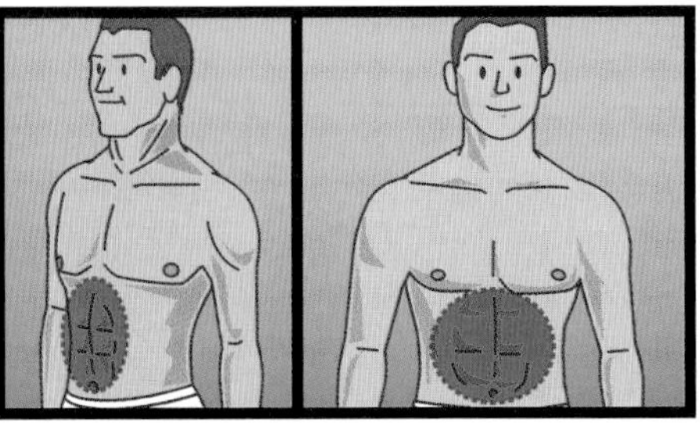

次數

●12次

節奏與動作

● 1.2.3 雙腳提起
● 4.5.6 回復原狀

呼吸

● 1.2.3➡吐氣
● 4.5.6➡吸氣

SECTION 2

提公事包側彎

單手拿著公事包，身體左右側彎

1 起始姿勢

雙腳張開與肩同寬，單手拿公事包，另一隻手置於腦後。身體向拿公事包的方向側彎。身體既不向前傾也不向後傾，而是往正側邊彎。

2 起身

邊吐氣，邊慢慢將身體回正，像是以另外一側腹肌力量將沉重公事包拉起的感覺。

3 收縮側邊腹肌

繼續邊吐氣邊往另外一邊側彎。讓側邊腹肌收縮去感受公事包的重量。數到5之前要完成這些動作。然後再邊吸氣數到5，回復到起始姿勢。

準備道具

●公事包

鍛鍊部位！

●腹側肌群

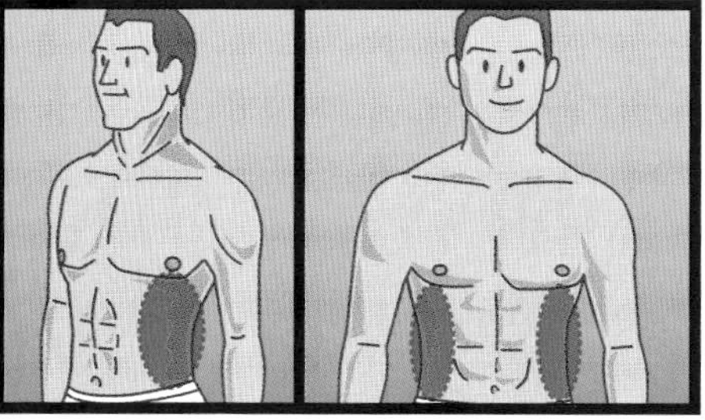

次數

●24次（單邊連續12次）

節奏與動作

●1.2.3.4.5 提起公事包
●6.7.8.9.10回復原狀

呼吸

●1.2.3.4.5➡吐氣
●6.7.8.9.10➡吸氣

SECTION 3

公事包置大腿上提舉

將公事包放在單腳大腿上，往上提舉。

1 起始姿勢

雙手拿著公事包，放於單腳的大腿中央。

2 大腿連同公事包往上提舉

邊吐氣數到5，邊將放有公事包的大腿往上提舉到水平位置。要注意背部盡可能不要往後傾。然後再邊吸氣數到5回復起始姿勢。

3 連續12次後左右交換

單邊連續12次後，再換腳12次。

準備道具

●公事包

鍛鍊部位！

●腹肌下半部

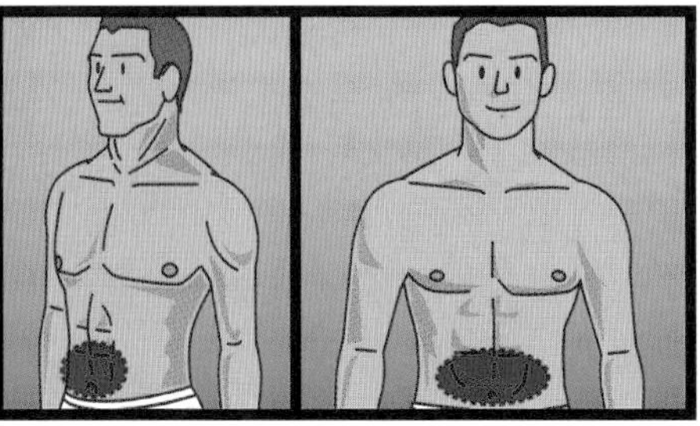

次數

●24次（單邊連續12次）

節奏與動作

●1.2.3.4.5舉腳
●6.7.8.9.10回復原狀

呼吸

●1.2.3.4.5➡吐氣
●6.7.8.9.10➡吸氣

舉起公事包

SECTION 4

雙手夾住公事包，往天花板方向抬舉

1 起始姿勢

坐在辦公椅上，雙手伸直夾住公事包。背部不要緊靠椅背，要挺胸伸直。

準備道具

●公事包、辦公椅

2 公事包往上抬舉

雙手依然保持伸直的狀態，邊吸氣數到5，邊以肩膀為支點將公事包往上抬舉。然後再邊吐氣數到5，回復起始姿勢。

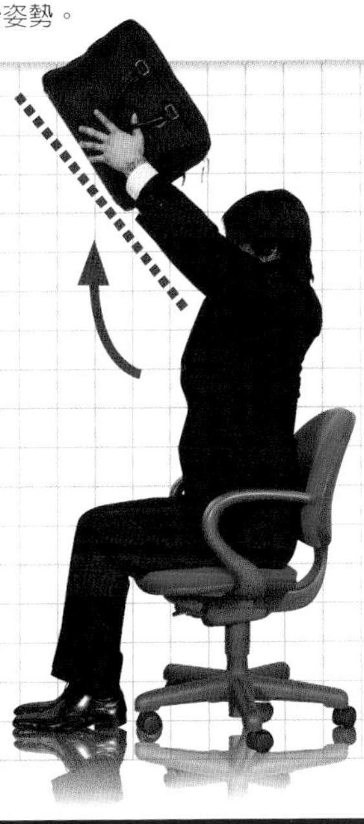

鍛鍊部位！

●胸大肌
●背肌

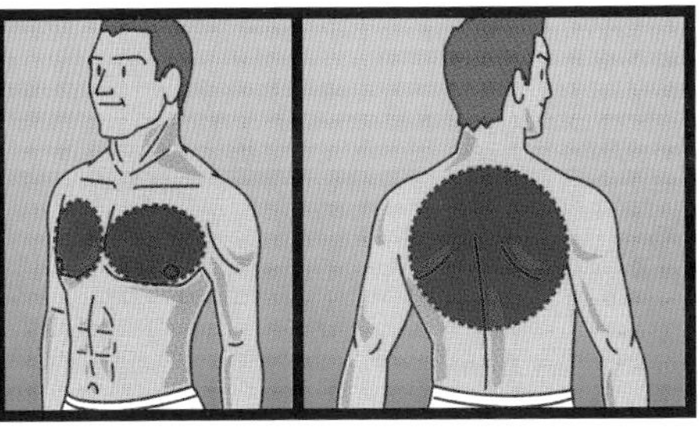

次數

●12次

節奏與動作

●1.2.3.4.5抬舉
●6.7.8.9.10回復原狀

呼吸

●1.2.3.4.5➡吸氣
●6.7.8.9.10➡吐氣

微靠椅背，伸縮膝蓋前後滑動辦公椅

1 起始姿勢

椅子不要坐全滿，上半身倒靠在椅背上。雙腳伸直，腳後跟著地，讓身體呈一直線。雙手交叉置於胸前。

2 邊吐氣 邊彎曲膝蓋

邊吐氣數到3，邊彎曲膝蓋讓椅子往前滑動，腳後跟的位置不變。然後再邊吸氣數到3，回復起始姿勢。

準備道具
●辦公椅

鍛鍊部位！

●大腿
●腹肌下半部

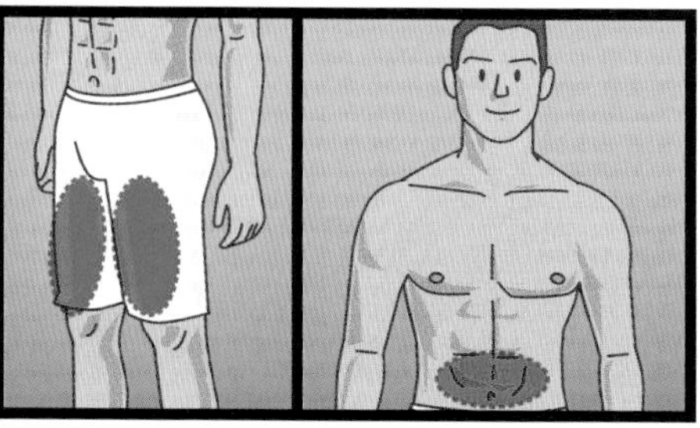

次數
●12次

節奏與動作
●1.2.3 彎曲膝蓋
●4.5.6 回復原狀

呼吸
●1.2.3➡吐氣
●4.5.6➡吸氣

SECTION 6 公事包手臂彎舉＆延展

上班途中，邊走邊彎舉公事包

手臂延展

1 起始姿勢

走路時單手拿著公事包，手背向身體外側，手肘彎曲90度。

2 手臂向後方延展

邊吐氣數到5，邊伸直手臂，將公事包往身後延展提舉。以手肘為支點，用手臂的力量將公事包向後提舉。

公事包手臂彎舉

1 起始姿勢

走路時單手拿著公事包，手背向後。

2 彎曲手肘

邊吐氣數到5，邊彎起手肘將公事包提舉起來。不利用反作用力，僅用手臂力量將公事包提起會比較具有鍛鍊效果。只要活動手肘到指尖的位置就好。

準備道具
●公事包

鍛鍊部位！
●雙手手臂

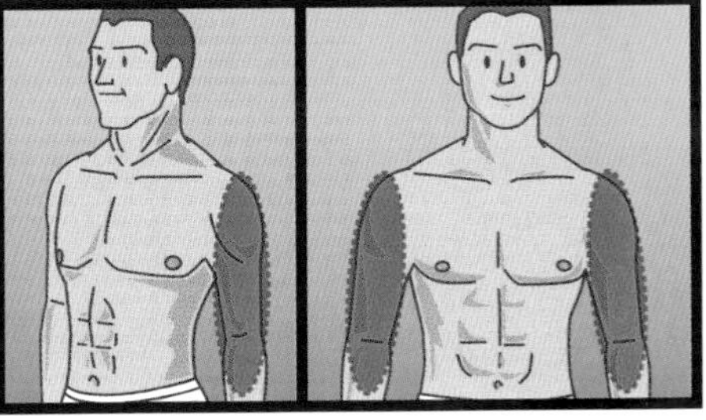

次數
●每個項目各24次（單邊連續12次）

節奏與動作
●1.2.3.4.5 彎曲手臂（伸直）
●6.7.8.9.10回復原狀

呼吸
●1.2.3.4.5➡吐氣
●6.7.8.9.10➡吸氣

等級別

一週的組合訓練計畫

之前介紹的這麼豐富精彩的訓練套餐，
該如何實際運用呢？
答案就在這一週的組合訓練計畫裡。
固定星期幾的訓練計畫與固定間隔的訓練計畫，
就從這2種之中，選擇一個自己喜歡的吧。

一週的組合訓練計畫【初級者篇】

訓練是3天一次！

初級者的 固定間隔的訓練計畫

第1天	第2天	第3天	第4天	第5天	第6天	第7天……
腹肌訓練	休息	休息	腹肌訓練	休息	休息	腹肌訓練

初級者的固定間隔訓練計畫，是以一天訓練，二天休息這樣的節奏進行下去。第1天訓練的話，第2、3天休息，第4天訓練，接著是第7天訓練，再來是第10天訓練。因為間隔是固定的，所以並非固定每個星期幾是訓練日。1天的訓練量，推薦大概LEVEL1（P44～）～LEVEL2（P58～）的份量。

一週休息2 天！

初級者的 固定星期幾的訓練計畫

一	二	三	四	五	六	日
腹肌訓練	步行	腹肌訓練	休息	步行	腹肌訓練	休息

初級者的固定星期幾訓練計畫，是以星期一腹肌訓練，星期二步行，星期三再次腹肌訓練，然後星期四休息，星期五步行，星期六腹肌訓練，星期日休息這樣的模式來進行。想要固定在星期幾訓練固定項目的人，可以選擇這個訓練計畫。1天的訓練量，同樣是推薦大概是LEVEL1（P44～）～LEVEL2（P58～）的份量。

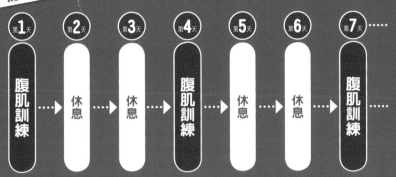

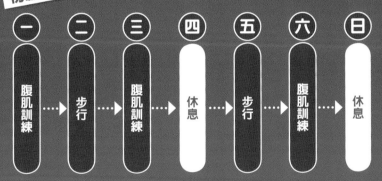

一週的組合訓練計畫【中級者篇】

間隔1天的訓練！

中級者的 固定間隔的訓練計畫

第1天	第2天	第3天	第4天	第5天	第6天	第7天……
腹肌訓練 and 步行	休息	倒三角形身材特訓	休息	腹肌訓練 and 步行	休息	倒三角形身材特訓……

中級者的固定間隔訓練計畫，節奏是第一天進行腹肌訓練與步行，隔天休息，然後接著是倒三角形身材的特訓，隔天又休息。基本上就是訓練1天，休息1天，然後腹肌訓練與倒三角形身材特訓輪替進行。在腹肌訓練完後緊接著步行，有助於有效燃燒脂肪。而腹肌訓練，可以從等級別、部位別中挑選自己喜歡適合的。

重視均衡的訓練！

中級者的 固定星期幾的訓練計畫

一	二	三	四	五	六	日
倒三角形身材特訓	腹肌訓練	步行	休息	倒三角形身材特訓	腹肌訓練	休息

中級者的固定星期幾訓練計畫，星期一是倒三角形身材特訓，星期二是腹肌訓練，星期三是步行。星期四休息一天，星期五倒三角形身材特訓，星期六腹肌訓練，星期日休息，以這樣的模式重複下去。這樣的訓練模式，雖然天數較中級者固定間隔訓練計畫來得多，但是1天的訓練份量其實是比較少的。腹肌訓練，可以依個人喜好來選擇。

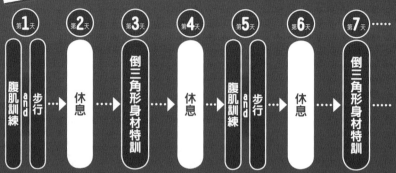

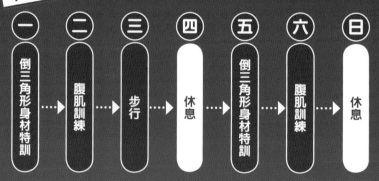

一週的組合訓練計畫【高級者篇】

動2休1的節奏！
高級者的 固定間隔的訓練計畫

第1天：倒三角形身材特訓 or 超級連續訓練組合 → 第2天：腹肌訓練 → 第3天：休息 → 第4天：倒三角形身材特訓 or 超級連續訓練組合 → 第5天：腹肌訓練 → 第6天：休息 → 第7天……：倒三角形身材特訓 or 超級連續訓練組合 → …

高級者的固定間隔訓練計畫，基本上是以運動2天休息1天的模式來進行。但是，運動2天之中，一天是腹肌訓練，另外一天則是倒三角形身材特訓或者超級連續訓練組合。第1天是倒三角形身材特訓或者超級連續訓練組合，第2天是腹肌訓練，第3天休息，第4天以後就是重複動2休1的模式。至於腹肌訓練，同樣是依個人喜好來選擇。

週日以外天天訓練！
高級者的 固定星期幾的訓練計畫

一：倒三角形身材特訓 or 超級連續訓練組合 → 二：腹肌訓練 → 三：倒三角形身材特訓 or 超級連續訓練組合 → 四：腹肌訓練 → 五：倒三角形身材特訓 or 超級連續訓練組合 → 六：腹肌訓練 → 日：休息

高級者的固定星期幾訓練計畫，模式是星期一至星期六天天進行訓練，星期日休息。一、三、五進行倒三角形身材特訓或者超級連續訓練組合，二、四、六則從腹肌訓練中選擇一種自己喜歡的進行訓練。雖然只有星期日是休息日，但每一天訓練的肌肉部位要有所變換，這樣肌肉才能得到足夠的休息。

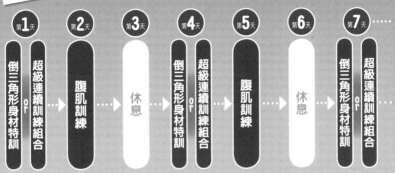

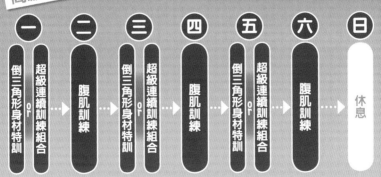

肌肉名稱·肌肉解剖圖

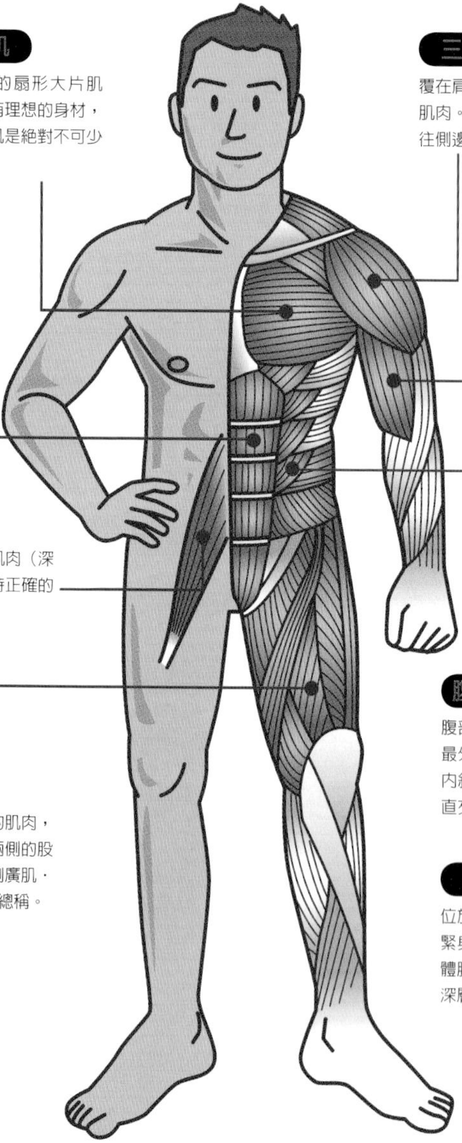

胸大肌

覆在胸前的扇形大片肌肉。想要有理想的身材，鍛鍊胸大肌是絶對不可少的。

腹直肌

覆蓋在腹部中央，是縱向肌肉。這是我們主要稱腹肌的部位。

腸腰肌

連接骨盆與大腿骨的肌肉（深層肌肉）。功用在保持正確的姿勢與走路。

股四頭肌

可以說是大腿下半部的肌肉，是分布在大腿前面與兩側的股直肌·外側廣肌·內側廣肌·中間廣肌，4塊肌肉的總稱。

三角肌

覆在肩關節外的三角形肌肉。可讓上臂前後與往側邊水平提起。

肱二頭肌

彎曲肘關節時會鼓起「小老鼠」的部位。是身體要拉引手臂時使用的肌肉。

腹外斜肌·腹內斜肌

腹部肌肉中，覆蓋在腹部兩側最外層的肌肉。腹外斜肌與腹內斜肌是兩層構造，幾乎呈垂直交錯。

腹橫肌

位於腹內斜肌的深層，像緊身衣一般緊緊包覆在人體腹部。也是連接脊柱的深層肌群之一。

【前面】

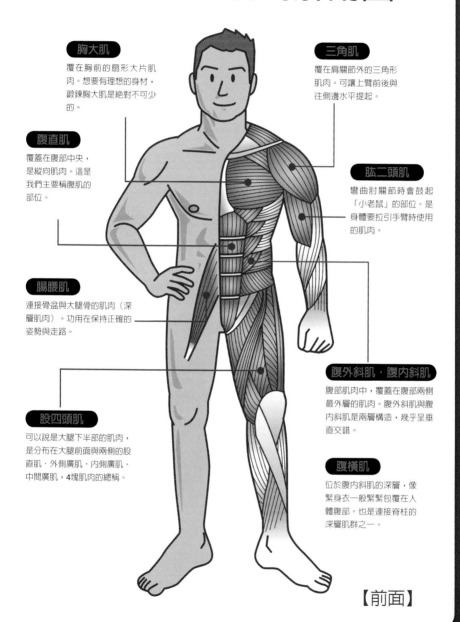

在這裡介紹以腹肌為中心的身體各種肌肉。訓練的時候，若能清楚意識使用哪一部分的肌肉，相對效果就會提昇。自己想鍛鍊的肌肉究竟是哪一塊，就讓自己好好確認一下。

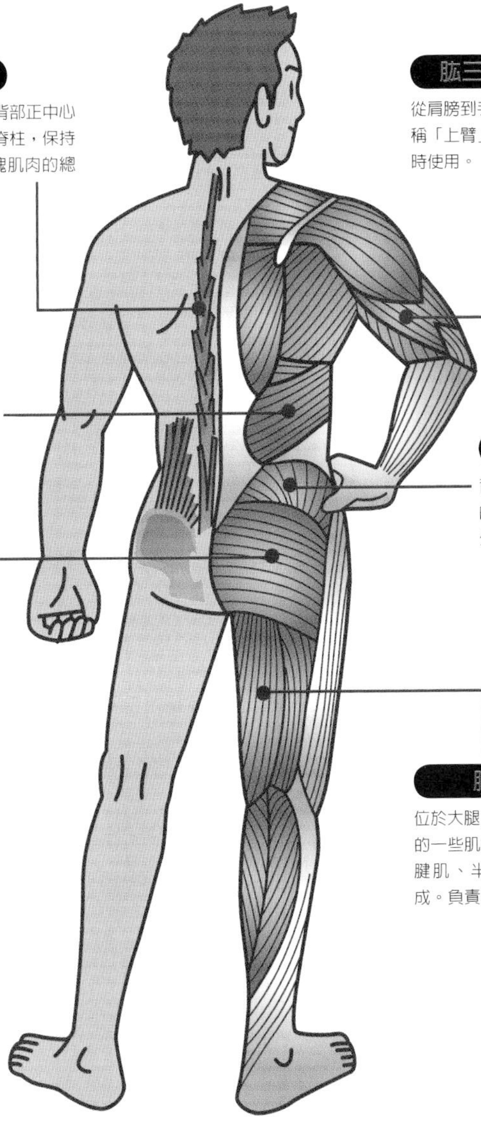

豎脊肌群

從頸椎到腰椎，在背部正中心縱向的肌肉。支撐脊柱，保持身體端正姿勢的9塊肌肉的總稱。

肱三頭肌

從肩膀到手肘的肌肉，統稱「上臂」。肘關節伸展時使用。

闊背肌

從背面跨越至側腹，覆蓋在背部上的肌肉。可幫助上臂內收，用力拉扯物體。

臀中肌

背部側邊的臀部上方的一塊小肌肉。腳部外開時使用的肌肉。

臀大肌

覆蓋在臀部上，從骨盆延伸到大腿骨的大肌肉。從蹲姿到起身，以及跳躍等動作時都會使用這塊肌肉。

股屈肌群

位於大腿內側，股四頭肌對側的一些肌群。由股二頭肌、半腱肌、半膜肌3種肌肉所構成。負責膝關節的屈曲。

【背面】

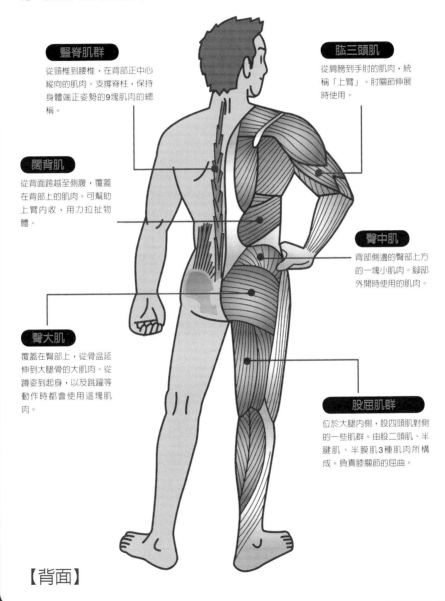

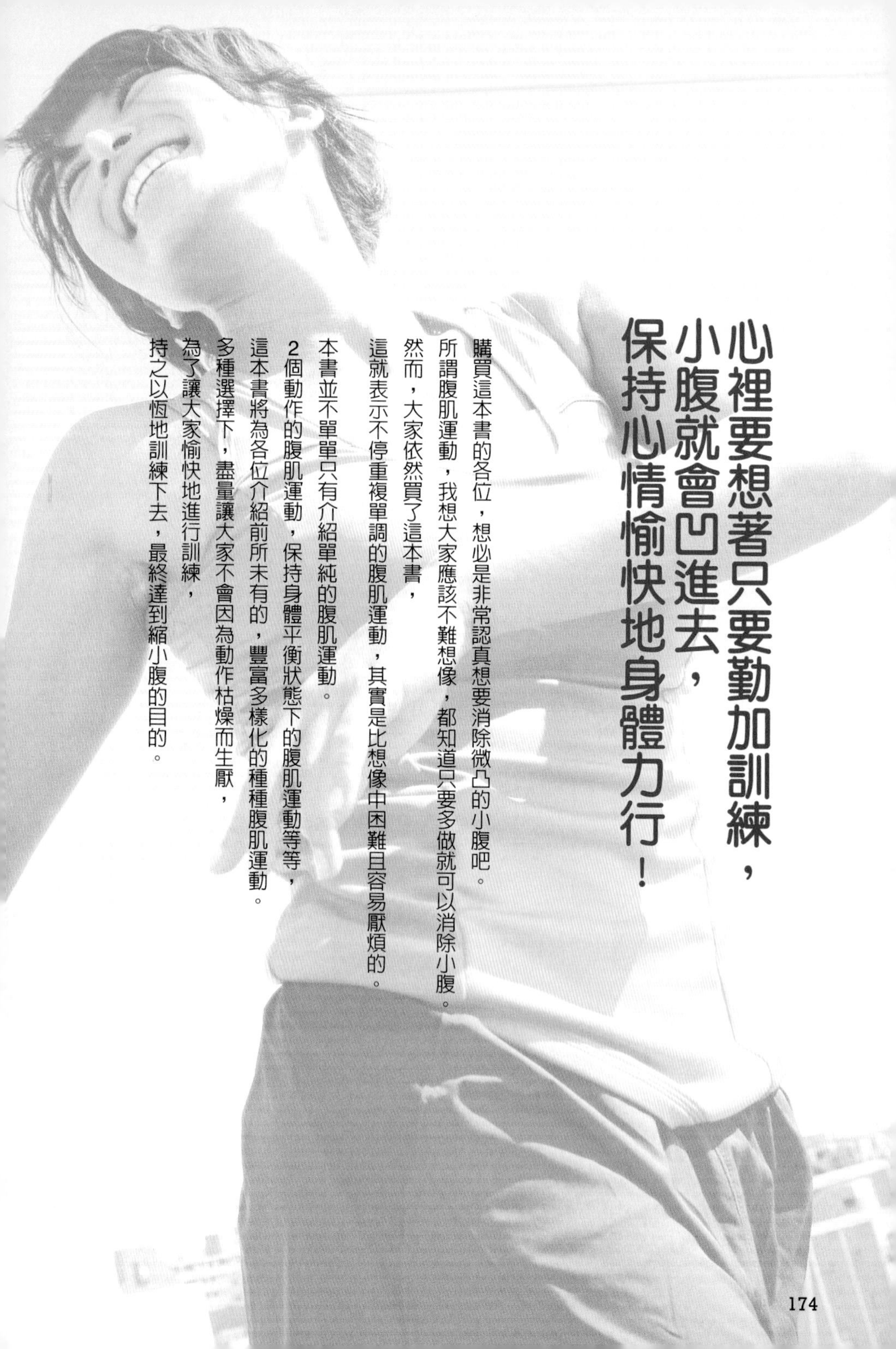

心裡要想著只要勤加訓練，小腹就會凹進去，保持心情愉快地身體力行！

購買這本書的各位，想必是非常認真想要消除微凸的小腹吧。
所謂腹肌運動，我想大家應該不難想像，都知道只要多做就可以消除小腹。
然而，大家依然買了這本書，
這就表示不停重複單調的腹肌運動，其實是比想像中困難且容易厭煩的。

本書並不單單只有介紹單純的腹肌運動。
2個動作的腹肌運動，保持身體平衡狀態下的腹肌運動等等，
這本書將為各位介紹前所未有的，豐富多樣化的種種腹肌運動。
多種選擇下，盡量讓大家不會因為動作枯燥而生厭，
為了讓大家愉快地進行訓練，
持之以恆地訓練下去，最終達到縮小腹的目的。

只要能在愉快心情下訓練，只要能夠持之以恆，效果就會加倍。
不要認為這是很辛苦的訓練，心裡要想著，
只要自己能完成這些訓練就可以消除那微凸的小腹。
所以要積極愉快地進行各項訓練，而這也是訓練可以持續下去的最大秘訣。
最後我由衷的希望購買這本書的各位，
能輕鬆的鍛鍊出自己所夢寐以求的完美體型。

宮﨑 裕樹

監修

宮﨑裕樹 **Hiroki miyazaki**

WAR-CRY TRAINING LABOLATORY董事長
NPO法人日本健康支援協會副理事長

運動選手的身體管理教練，格鬥技的教練，培育運動指導員等等，身兼數職，也教授過無數的訓練課程。曾經是奧林匹克的體能強化教練，擔任過全日本滑雪連盟的體能強化教練，也曾經是棒球員、橄欖球員、排球員、職業高爾夫選手、拳擊手、K-1選手、自行車選手、藝人等等的私人體能教練。除此之外，也曾經擔任企業、團體的體能訓練顧問，提供各個年齡層維持增進健康的方法，在各界都非常活躍。現在亦是東京Sports・Recreation專門學校的顧問。

協助取材・攝影

東京スポーツ・レクリエーション (Sports・Recreation)專門學校

示範人員

東京Sports・Recreation專門學校

●運動指導科

高橋 真理

草野 良平

●教務處

中村 聖之

TITLE

超MAN練腹肌瘦小腹

STAFF

出版	瑞昇文化事業股份有限公司
監修	宮崎裕樹
譯者	高詹燦
總編輯	郭湘齡
責任編輯	王瓊苹
文字編輯	黃雅琳、林修敏
美術編輯	李宜靜、謝彥如
排版	也是文創有限公司
製版	明宏彩色照相製版股份有限公司
印刷	桂林彩色印刷股份有限公司
法律顧問	經兆國際法律事務所　黃沛聲律師
戶名	瑞昇文化事業股份有限公司
劃撥帳號	19598343
地址	台北縣中和市景平路464巷2弄1-4號
電話	(02)2945-3191
傳真	(02)2945-3190
網址	www.rising-books.com.tw
Mail	resing@ms34.hinet.net
本版日期	2013年7月
定價	280元

國家圖書館出版品預行編目資料

超MAN練腹肌瘦小腹／宮崎裕樹監修；高詹燦譯.
-- 初版. -- 台北縣中和市：瑞昇文化，2010.10

176面；14.8×21公分

ISBN 978-986-6185-09-0（平裝）

1.塑身　2.健身運動

425.2　　99018450